城乡空间模拟：
智能算法与实践

曹　琦　师满江　［比］安东·范龙佩　编著

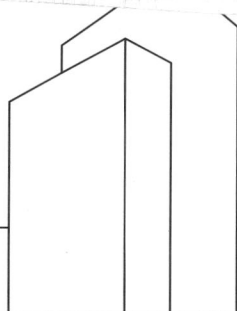

中国建筑工业出版社

图书在版编目（CIP）数据

城乡空间模拟：智能算法与实践/曹琦，师满江，
（比）安东·范龙佩编著. —— 北京：中国建筑工业出版
社，2025.2. —— ISBN 978-7-112-30543-8

Ⅰ . TU98-39

中国国家版本馆CIP数据核字第2024TK6920号

责任编辑：张　　建
书籍设计：锋尚设计
责任校对：芦欣甜

城乡空间模拟：智能算法与实践

曹　琦　师满江　[比]安东·范龙佩　编著

*

中国建筑工业出版社出版、发行（北京海淀三里河路9号）

各地新华书店、建筑书店经销

北京锋尚制版有限公司制版

建工社（河北）印刷有限公司印刷

*

开本：787毫米×1092毫米　1/16　印张：15¼　字数：297千字

2025年6月第一版　　2025年6月第一次印刷

定价：**79.00**元

ISBN 978-7-112-30543-8

（43824）

随着大数据和人工智能技术的迅猛发展，城乡规划领域也迎来了前所未有的机遇与挑战。本书正是在这一背景下，将智能算法应用于城乡规划中的地理空间模拟领域，系统地介绍了多种智能算法在实际案例中的应用与实现方法。通过引入并详细讲解智能算法，如马尔科夫链、KNN算法、支持向量机、随机森林等，将其与城乡规划中的地理空间模拟相结合，为读者提供了创新性的解决思路。

该书的内容涵盖了从数据获取、模型构建到最终模拟结果表达的全过程，具体包括地理空间数据的采集与处理、各种智能算法的原理与应用，以及通过MATLAB编程来解决城乡规划中的复杂问题。每章内容均配有典型案例分析，这些案例涵盖了不同类型的城市问题，读者可以通过阅读案例分析，深入了解智能算法的实际应用价值。

总之，本书既是理论知识丰富的专业书籍，也是注重实际应用的操作指南；不仅为读者提供了先进的规划工具和方法，而且激励读者在未来的研究和工作中，勇于探索，推动城乡规划学科的发展。

本书梳理并实践了多种智能算法在地理空间模拟中的应用，内容紧贴城乡规划发展前沿，是该专业研究生进行"空间模拟建模与分析"课程学习和项目训练的优秀教学辅导用书。

目 录

第 1 章

导　论

1.1　智能算法

智能算法泛指通过计算机程序的手段实现的人工智能技术；在学术领域是指对智能主体的研究与设计，比如模拟退火算法、遗传算法、神经网络算法、随机森林算法等。自20世纪50年代提出这个概念以来，其发展起起伏伏，历经波折之后终于迎来了新的机遇。新机遇的来临是相关技术在图像和语音等多个领域，以及学术和商业等多个层面实现突破的综合作用，其标志性事件就是AlphaGo战胜世界围棋冠军。

2017年7月20日国务院发布《新一代人工智能发展规划》，体现了我国政府对于这一态势的高度敏感和准确把握。该规划对各行业的发展提出了更高要求。吴志强院士率先提出人工智能辅助城市规划的理念，并以"城市树"全球影像智能识别技术来研究全球城市的发展规律。[1]人工智能以其高效的自我学习、自我适应和自我创造的能力正迅速渗透进各个领域。

种种迹象表明，全球大数据热潮正进入以人工智能（AI）为创新主流的加速发展时期。网络、计算、感知等技术不断迭代创新，推动万物互联；人工智能在新型智慧城市的建设中不断深入应用，支撑政府进行智能决策，信息化建设正迈向高效、智能、个性化服务的智慧阶段，人工智能技术手段在城市规划领域的应用正逐步走向实用化、工程化。[2]

1.2　城乡规划

在大数据背景下探索城乡规划的空间格局和发展方向，智能算法成为其规划系统下寻求创新路径和理想模式的利器。通过智能算法在城乡规划应用领域的文献样本，推测出未来的研究趋势将呈现网络化和多智慧集戎、多学科交叉智慧耦合、多情景模拟耦合演绎的特征。[3]

智能算法的出现为城乡规划变革带来新的可能，提升了城乡空间研究的广度、深度和精度，并呈现出动态、高效与可视化的优点。[4]在传统的城乡规划理论研究方法中，虽然运用了某些数理计算手段，但其仍存在低精度、静态化、二维化的缺点；而人工智能则在数理和图示表达的过程中弥补了这些不足，如机器学习技术对复杂城乡土地利用数据的提取和汇总，进而在城乡发展过程中推动土地的高效利用，促进城乡规划在规律探索方面的革新。因此，分析智能算法在城乡规划优化中的应用，探索两个学科交叉发展的现状，对实施国土空间规划、落实智慧城市发展战略具有重要的理论和现实意义。

1.2.1 城市形态优化的传统空间计量学方法

城市形态优化的经典方法借助系统空间计量学手段，以实现空间形态的参数控制与定量描述为目标，主要关注城市的特征点、特征线段以及测量面积。[5] 其特点与不足主要包括：数据来源多为人工测量，数据量有限且精度低；以数学和统计学方法为主要手段，局限于二维空间形态的计量。表1-1是对城市形态优化传统分析方法的归纳。

传统的城市形态优化方法及其应用 表1-1

传统方法	理论基础	数理关系	现象规律	应用
分形方法	几何学	边界维数法：$D = \dfrac{2\ln\left(\dfrac{P}{4}\right)}{\ln(A)}$ D 为分维数，P 为城市用地各斑块的周长总和，A 为城市用地各斑块的面积总和	分维数反映用地紧凑度	研究城市拓扑网络、城市交通网络和城市空间外部形态
形态计量方法	数学和统计学	紧凑度 $=A/A'$ A 为区域面积，A' 为该区域最小外接圆面积	形态计量指标或直接或间接地反映出区域、城市的形态特征	研究不规则空间形态、城市布局的紧凑度，以及城市的边界测度
系统动力学方法	系统理论	$L = P \cdot R$ $\begin{bmatrix} R \\ A \end{bmatrix} = W \cdot \begin{bmatrix} L \\ A \end{bmatrix}$ L 为状态变量向量，R 为速率变量向量，A 为辅助变量向量，P 为状态与速率之间的转移矩阵，W 为系统结构关系矩阵	分析城市土地利用变化趋势及特征，从而探索最优策略	研究土地利用动态变化、城市形态变迁的影响因素和城市内部相互作用的仿真模拟
空间注记分析方法	环境分析技术	感知认知技术+途径=空间场所认知+注记辅助	空间特点的系统表达	研究城镇空间设计和城市环境改造

注：本书中未标注来源的图、表均为作者本人绘制。

1.2.2 基于智能算法的城市形态优化方法

随着应用程序接口（Application Program Interface，API）、云平台等互联网计算服务技术的成熟，人工智能正从理论探索走向实际应用。智能算法是通过模拟人类智慧处理复杂问题的数学模型。[6] 进入21世纪以来，以智能算法为代表的城市形态优化技术正成为规划领域技术变革的重要发展途径。图1-1展示了城市与人工智能协同发展的历程。

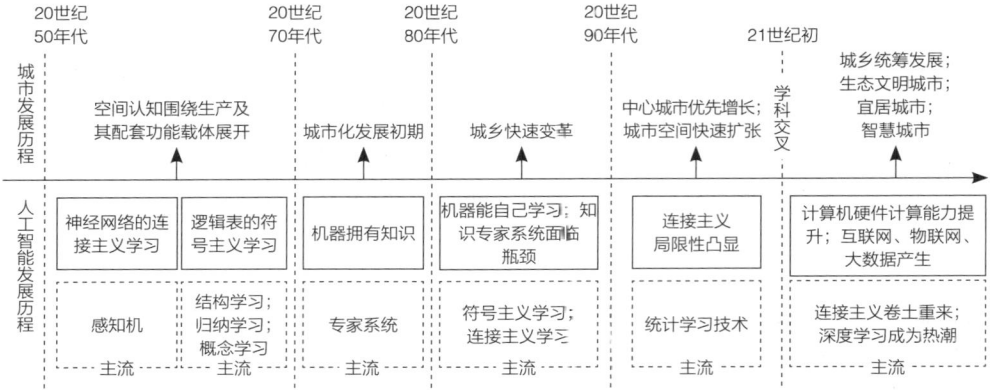

图1-1　城市与人工智能协同发展的历程

在城市规划过程中，智能算法通常用来预测发展趋势和智能辅助优化决策。同时，这些算法往往需要地形、气候、水文、人口和交通等方面的大数据配合，以满足训练的要求，并获得最优化的城市形态预测及其发展结果。目前，在城市规划研究领域，智能算法主要包括元胞自动机、支持向量机、人工神经网络、卷积神经网络。[7,8]表1-2是对常用智能算法的归纳总结。

城市形态优化研究中常用智能算法的数理关系与应用分析　　　　　表1-2

方法/模型	原理	数理（结构）关系	优势特点	应用
元胞自动机	一系列模型构造的规则构成	$A=(L,d,S,N,f)$ L为元胞空间，d为元胞自动机内元胞空间的维数，S为元胞有限的、离散的状态集合，N为某个邻域内所有元胞的集合，f为局部映射或局部规则	模拟真实度高	城市土地利用演变模拟、城市交通流模拟、城市灾害与人流疏散模拟
支持向量机	统计学习理论基础上的学习方法	$K(x,x_i)=\exp\left(-\dfrac{\|x-x_i\|^2}{2\sigma^2}\right)$ x和x_i为对应的样本支持向量，$K(x_i,x)$为核函数	分类效果好、拟合度高、精度高	城市群热环境时空形态演化、城市结构类型识别
人工神经网络	以现代神经科学研究为基础，模拟人脑思维方式的复杂网络系统	神经网络结构 输入层　隐含层　输出层	自适应、自组织、自学习	城市区域面积提取、城市用地发展综合分析、城市规划智能评价

方法/模型	原理	数理（结构）关系	优势特点	应用
卷积神经网络	从输入的图像数据中学习输入与输出之间的映射关系，而不需要人为干预特征的精确表达	卷积神经网络结构 输入图像　卷积层　采样层　卷积层　采样层　全连接层	自主特征提取能力强	城市风貌分析、城市肌理评估、城市问题侦测

目前，人工智能研究非常活跃，发展极为迅猛，技术方法也层出不穷；与此同时，智慧城市的建设也在不断深化，未来将产生更多有价值的城市数据。在当前良好的发展形势下，基于城市数据和决策模型，综合运用人工智能技术进行实践，推动城市规划手段的智能化，最终将实现智慧规划。

1.3 延伸阅读

城市规划中面临的许多问题，例如交通拥堵、环境污染、停车困难和住房紧张等，都需要城市规划师对造成这些问题的原因和机理有深入的了解和实时的掌握。智能算法为规划师理解和解决这些问题提供了新的方法和思路。举例来讲，城市感应技术能够提供城市状况的实时信息，深度学习能够挖掘城市动态变化（如人流和大气污染物聚散）的规律和内在机理。据此，规划师即能够对城市规划和管理措施作出相应的调整，对规划方案进行模拟，并预测其可能产生的后果。通过公众参与平台技术，如区块链（block chain），规划师把备选方案推送到城市居民、企业和政府部门手中，接着利用数据挖掘技术，自动分析来自城市居民、企业和政府部门的反馈，从而对原有方案进行修正；如此循环，直至某个决策标准通过为止；最后形成三方博弈后的解决办法。这是未来基于人工智能、大数据的一种规划愿景，可能会经历人工智能协助型、增强型、自动型和自主型4个阶段。

1.3.1 人工智能协助型（AI-Assisted Planning）

在初期阶段，规划师有一个基于人工智能的规划助手（AI-Based Planning Assistant），称智能规划助手（iPlanner）。智慧规划助手主要以机器学习等大数据技术为手段，根据规划师的需求提供信息，回答一些"为什么"的问题。如某路段什么时候最拥堵以及导致拥堵的原因，城市空间的用地布局是否合理以及如何优化城市街道的空间规划，当前的城乡规划是否满足社会、经济发展的需求，等等。目前我国正处于此阶段，人工智能算法已被用于协助规划管理者诊断与评估城市运行状况、寻求原因并为规划决策提供服务，包括基于大数据和深度学习的交通出行时空规律分析、城市发展过程分析、城市活力分析和居民生活用能习惯分析等。这些以借助大数据和智能算法完成的城市高精度、高分辨率的生活、工作、出行规律，加深了规划师对城市与社区运行规律的认知，从而提高了规划和管理的科学性和精准性。

1.3.2　人工智能增强型（AI-Augmented Planning）

这个阶段的智能规划助手不仅能提供规划师所需的信息，还能对规划师所做的规划进行模拟并提供反馈，从更多元、更客观的视角来看待、评判规划问题，为规划师提供建议。如对交通规划师的治堵方案是否可行、是否是全局或者局部最优，并为此提供改善的建议；对工业园区的空间布局是否会造成污染物的二次污染提供评判，并为此提供合理的园区布局优化方案。

1.3.3　人工智能自动规划（AI-Automated Planning）

在以上的基础上，根据规划师预先提供的规划目标和规划程序，在规划师的指导下进行自动规划。如针对交通拥堵路段和关键节点自动制定治堵方案，或针对城市污染热点区域自动制定减缓污染的方案，并通过公众参与平台将规划方案自动推送给众多利益相关者，同时自动分析收集到的信息，实现更公平、更高效的公众参与，从而对已有方案进行优化改进。

1.3.4　人工智能自主规划（AI-Autonomous Planning）

人工智能自主规划是在规划师的指导下，通过智能规划助手，让城市规划自动化。规划任务将由智能规划软件根据对以前规划案例和实施效果的自动学习，针对现有城市的实际情况和特点，自主完成规划任务，不需要规划师的参与。城市规划不是一种纯机械的物理决策过程，当然不可能完全靠电脑软件来完成。但人工智能可以最大限度地减少规划师的参与，结合区块链技术，加强公众对规划决策的参与，从而实现高效自主的规划。

以现在的技术，智能算法下的城市规划大致要经历上述4个阶段，但实现每一个阶段所需时间的长短难以预料。这主要是由于城市规划的发展轨迹与人工智能技术的发展轨迹息息相关。无论如何智能算法和城市感知技术都将为城市规划和治理带来革命性的变革，促使未来的城乡规划和设计变得更加科学、高效、透明。

参考文献

［1］孙一元．吴志强院士：AI赋能未来城市［J］．上海国资，2021（12）：42-45.

［2］吴志强，王坚，李德仁，等. 智慧城市热潮下的"冷"思考学术笔谈［J］. 城市规划学刊，2022（02）：1-11.

［3］吴志峰，柴彦威，党安荣，等. 地理学碰上"大数据"：热反应与冷思考［J］. 地理研究，2015，34（12）：15.

［4］WIELAND M, TORRES Y, PITTORE M, et al. Object-based urban structure type pattern recognition from Landsat TM with a Support Vector Machine［J］. International journal of remote sensing, 2016, 37（17-18）：4059-4083.

［5］付鹏，肖竞，赵之齐，等. 基于机器学习的乡村聚落"空间—动力"耦合机制解析方法研究——以江苏溧阳市为例［J］. 西部人居环境学刊，2022（04）：037.

［6］杨天人，金鹰，方舟. 多源数据背景下的城市规划与设计决策——城市系统模型与人工智能技术应用［J］. 国际城市规划，2021，36（02）：1-6.

［7］曾穗平，吕艳梅，田健. 智能算法在城市形态优化研究中的演化路径与应用情景——基于Citespace知识图谱的分析［J］. 城市问题，2022（04）：14-23.

［8］XU T, COCO G, GAO J. Extraction of urban built-up areas from nighttime lights using artificial neural network［J］. Geocarto international, 2018, 35（10）：1049-1066.

第 2 章

地理空间模拟的
空间数据获取

2.1　空间数据采集的一般方法

空间数据获取是地理模拟系统的重要部分。地理模拟系统的数据主要来自GIS和遥感数据。对于GIS应用来说，最基本的GIS数据是根据不同的研究目标来收集的，包括野外调查及测量数据、人口普查数据、社会经济调查数据和各种统计资料等；还包括地图（国家行政区划图），区域的社会、经济等专题图和一些已有的与应用相关的数据资料。这些数据可分为第一手的原始数据和处理过的数据，也可以分为数字化的数据和非数字化的数据（表2-1）。数据是GIS的基础和核心，通常情况下，一个GIS项目的资金分配为硬件、软件、数据各占10%、20%、70%。

<table>
<tr><td colspan="3" align="center">GIS中包含的数据</td><td align="right">表2-1</td></tr>
<tr><th>数据</th><th>原始数据</th><th>转换数据</th></tr>
<tr><td>数字化数据</td><td>遥感数字图像、土地利用数据</td><td>已建的各种数据库、现有的GIS数据</td></tr>
<tr><td>非数字化数据</td><td>野外文本记录，统计数据报表，社会、经济、人口调查报告等</td><td>纸质地图、专题图、统计图表</td></tr>
</table>

一般需要采集以下GIS空间数据：

（1）各类统计调查数据；

（2）野外调查测量数据，包括调查记录文本，全球定位系统（GPS）、全站仪等仪器所测得的数字化数据资料；

（3）已有地图（专题图）数字化；

（4）遥感数字图像；

（5）修改或转换已有数据库资料。

GIS数据采集工作的主要任务是将现有的地图、野外观测成果、航空照片、遥感图片数据、文本资料等，转换成GIS可以识别和处理的数字形式。将数据添加到数据库之前，应进行验证、修改、编辑等处理，以保证数据在内容和逻辑上的一致性。不同的数据来源需要进行数据转换和处理，以便于GIS分析和处理工作的顺利进行，数据转换需要用到不同的软件、设备和方法。数据处理包括生成拓扑关系、几何纠正、图像镶嵌和裁剪等。

图像数据是GIS空间数据的重要组成部分，图像数据的收集实际上就是数字化的过程，一般有扫描数字化和手扶跟踪数字化两种方法。扫描数字化是使用扫描仪直接把图形（地形图、专题图等）和图像（航空照片、卫星照片）扫描到计算机中，以像元信息的形式进行存储和表示，然后通过矢量化软件，从栅格图像自动或半自动地生成矢量数据。手扶跟踪数字化是使用手扶跟踪数字化仪，将已有图件作为底图，对某些需要的信息进行跟踪数字化。一般来说，扫描数字化因其输入速度快、不受人为因素的影响、操作简单，而越来越受到大家的欢迎。且随着计算机硬件的发展，计算机运算速度和存储容量的提高，扫描输入已成为图形数据输入的主要方法。

属性数据是记录和描述空间实体形象特征的数据。属性数据一般包括名称、等级、数量、代码等多种形式。属性数据有时单独存储在空间数据库中，形成专门的属性数据文件；有时则直接记录在空间数据文件中。往往需对属性数据进行编码处理，将各种属性数据变为计算机能够有效存储和处理的形式。属性数据的编码一般需要基于以下三个原则：①编码的系统性和科学性，编码方式必须满足科学的分类方法，以体现该类属性本身的自然性，且容易识别和区分；②编码的一致性，编码必须前后一致，所定义的专业属性必须是唯一的；③编码的标准化和通用性，为便于信息交流和共享，所建立的编码系统必须尽可能遵循标准方式。

2.2 利用各种GIS空间分析方法获取进一步的空间数据

GIS数据库存储基础的空间数据，在具体的应用中往往需要利用各种GIS空间分析功能来获取进一步的空间数据。GIS空间分析的一般方法如下。

1. 空间查询和检索

用来查询、检索和定位空间对象，包括图形数据的查询、属性数据的查询以及空间关系的查询几种方式。空间查询和检索是GIS的基本功能之一，也是进行其他空间分析的基础操作。

2. 空间量算

空间量算主要是用一些简单的量测值来初步描述复杂的地理实体和地理现象。这些量测值包括点、线、面等空间实体对象的重心、长度、面积、体积、距离和形状等指标。

3. 空间插值

空间插值用于将离散的测量数据值，按照某种数学关系转换为连续变化的数学曲面，以便与空间实体的实际分布模式进行比较，并可以推求出未知点和未知区域的数据值。

4. 叠置分析

叠置分析是GIS空间分析中重要的分析方法之一。在GIS中使用分层的方式来管理数据文件，叠置分析时将同一研究区的多个数据层集合为一个整体，对多个数据层进行交、并、差等逻辑运算，得到不同层空间数据的空间关系。叠置分析又包括矢量数据的叠置分析和栅格数据的叠置分析两种。

5. 渔网采样分析

渔网采样分析是GIS空间采样分析中使用较多的分析方法之一。在利用ArcGIS处理数据时，有时需要将研究区域划分为1000m×1000m或500m×500m的格网，用于各类分析（例如网格分析、网格统计分析、人口模拟、GDP模拟）。渔网采样分析就是对一个、一组或一类空间对象，按照一定的像元大小分割成若干个矩形格网的过程。

6. 缓冲区分析

缓冲区分析是GIS空间分析中使用较多的分析方法之一。缓冲区分析就是对一个、一组或一类空间对象按照某一个缓冲距离建立缓冲区多边形的过程，然后将原始图层与缓冲区图层相叠加，进而分析两个图层中空间对象的关系。从数学的角度来说，缓冲区就是空间对象的邻域，邻域的大小由邻域半径（即缓冲距离）来确定。

缓冲区分析与叠置分析不同，前者包括缓冲区图层的建立和叠加分析；而后者只是对现有的多个数据层进行叠加分析，并不生成参与分析的新图层。

2.3 利用GIS获取城市模拟的输入数据

所需要的特定信息一般是通过执行GIS空间分析功能来获取的。通常将已有的GIS图层直接作为城市模拟的输入数据。但在进行城市模拟时，为了提取模型所需的特定信息，就需要执行地图操作。城市是一个非常复杂的巨系统，因此城市模拟通常会涉及许多空间变量。空间分析对于量化这些空间变量来说是至关重要的。最简单、传统的GIS空间分析是叠置分析。叠置分析的概念出自传统的地图比较。在GIS数据库中，空间变量是作为层存储的。

基于数字化地图的叠置分析比基于纸质地图的人工分析在实际应用中有更大的优势。GIS叠置分析在层与层之间的操作非常方便，能快速、准确地找到在多个图层上满足一定条件的位置，在设施选址的问题上有许多成功的例子。例如，可利用GIS叠置分析查找放置放射性物质的合适位置。用于GIS叠置分析的地理要素包括入口、通达性和保护区等图层。GIS分层中的要素层通常包含点、线、面要素，通过对这些要素执行相交和合并操作，可以建立新的要素和新的空间关系。

　　缓冲区分析是另一种提取空间信息的普遍技术，这些空间信息与距离和邻近度（proximity）有关。邻近度是重要的空间决策因子。例如，在环境敏感源（饮用水）附近区域不适合建造污染工业。可利用GIS的缓冲区分析功能，在环境敏感源处建立一个缓冲区，代表这是问题区域。在大多数情况下，离源点越远，影响会越小。例如，当位置远离城市中心时，该处的吸引力会相应变小。可用一个负的指数函数来表达这种影响，如下式所示：

$$X_i = e^{-\beta dist_i}$$ （2-1）

　　在栅格的数据结构环境下，GIS软件提供了多种基本算法的运算功能，从而使得计算这种随距离而衰减的影响度变得十分容易。地图操作允许通过整合不同数据源的地图得到新的信息。大多数GIS软件具有算术运算、几何量算（如计算点、线、面的距离）、叠置分析与缓冲区分析，以及统计分析4项功能。

　　在GIS中通过相交和合并功能，可以很方便地执行地图操作，可以在点、线、面等不同的GIS层执行这些功能，并产生新的要素层。例如，点和线的叠置帮助计算点和线的距离。叠置后地块和道路之间的距离易于计算，而且可以加上新的属性值。

2.3.1　进行地理空间模拟的空间变量的获取

　　GIS数据库通常只存储最基本的空间信息，以避免数据冗余。一般的数据库能够支持许多应用，但对某一具体的应用，需要运用空间分析来获取与其具体应用相关的信息。GIS为空间分析提供了从简单的叠置分析、缓冲区分析到与复杂问题相关的分析等强有力的工具。

1. 位置属性

　　对真实的城市进行模拟需要使用丰富的空间信息。城市模拟最重要的是获取空间位置每一个点的自然属性信息。GIS通过提供丰富的空间信息提高了城市模拟的可行性。城市模拟需要详细的位置属性，诸如居民点、地形、土壤、土地利用、交通、行政边界、河流和环境因素（图2-1）。

图2-1　城市模拟所涉及的各类位置属性

为了获取各种类型的位置属性，应该采用数据分析技术。GIS提供了强有力的空间分析功能，可为城市模拟提供大量的空间信息。可利用GIS空间分析等功能来获取一系列位置属性，如距离和土地适宜性等。

2. 区位和通达性

Platt强调区位对土地利用的重要性，土地利用空间分布模式引起了许多早期城市地理学家的注意。约翰·海因里希·冯·杜能（von Thunen）在19世纪运用区位理论来解释农业活动在空间上的分布。[1]他认为农业活动会根据与市场的距离和交通费用，在空间上自发地进行安排。

GIS是利用地理坐标来表达区位信息的。一块土地的地理区位通常可以通过测量它与城市中心区的距离来判断，这种距离可以决定土地价值。通过测量两个地方的距离也可以估算土地的发展概率。在距离的计算中，采用费用距离比欧式距离更能反映具体情况。由于交通的影响，往往利用网络距离而不是欧氏距离来度量距离的影响。道路、高速公路和铁路的建设将提高通达性和土地发展概率，特别是连接农村的铁路和高速公路，能让这些地方更容易得到开发。具有较好通达性和基础设施的土地在土地市场中的价格较高。GIS提供了各种功能来计算成本距离，可以根据计算找到最短成本路径。

3. 土壤类型

在做土地利用规划之前，土壤调查是识别和测量土地资源至关重要的一步。作物的产量主要与土地质量有关，而土地质量主要由土壤特性来决定。某种类型的土壤也许仅适合于特定种类的农作物生长。在其他情况相同的条件下，土壤的肥沃程度将决定农业生产的产量。

一般认为，从Landsat影像或航片上并不能直接解译出土壤特性。土壤调查仍然需要获取有关土地质量的信息。通过手扶跟踪数字化仪输入或扫描后自动识别这两种方法来获取土壤的矢量数据。数字化包括一系列枯燥、乏味的工作，如添加属性、编辑、边界匹配、构建拓扑。在GIS中使用数字地图可以较为方便地分析土壤特性。

4. 地形

地形是限制农业或城市活动的主要因素。地形图对于土地适宜性评价是十分必要的，特别是在地貌特征复杂的区域。不平坦的地形阻碍了城市发展和农业生产，地形分级可用于评价不同土地利用类型的适宜度。

既然地形特征往往是通过地图来表示的，那么第一步是数字化这些地形特征图。数字化等高线是劳动密集型工作。数字高程模型（Digital Elevation Model，DEM）通常从等高线中获得地形特征。数字高程模型在土地评价中非常有用。建立数字高程模型也可用于进行可视域分析。

5. 土地利用

从野外调查获取的土地利用信息可以用于城市模拟模型的输入。在城市模拟中，城市系统是动态变化的，一系列自然和社会因素决定了土地利用的变化情况。在许多发展中国家，从农业用地转换到城市用地是土地利用变化的主要趋势。城市模拟需要知道每一个元胞的初始土地利用情况，也需要获得一些训练数据来建立能反映真实城市演变的模型。这些训练数据能够用于校准和验证城市模拟模型。

土地利用和土地利用变化情况可以通过野外调查或遥感图像分类获得。野外调查提供详细精准的位置和土地利用类型信息。然而，通过野外调查收集土地利用信息可能是成本较高的方法，并且这种方法是劳动密集型的。最为重要的是，土地利用信息变化过快，使得野外调查收集到的信息变得过时。遥感是获取土地利用信息的一种较为方便的方法，特别是对于大区域而言。土地利用分类主要是基于遥感光谱属性的。使用遥感数据有很多优点，遥感数据是栅格格式，能够直接用于元胞自动机（CA）的模拟。

2.3.2　城市形态和结构信息的获取

城市模拟和评价不仅注重空间位置每一点上有关城市的特征，而且关心城市作为总体的特征，包括城市的形态和结构。获得城市的形态和结构信息需要进行一系列度量。现有的GIS功能可以用来处理与传统的地图叠加等相关的基本操作。但是，这种简单的GIS功能并不能满足获取城市各种形态结构属性数据的需求，往往需要通过整合各种GIS功能，才能获取这些城市的属性数据。

通过一系列属性可以描述城市的有关特征，城市形态信息在城市规划中扮演着重要的角色。城市学家最关心的是城市发展与城市空间结构演变之间的关系，而度量城市形态是城市分析的第一步。模式识别技术被用来测量微观城市形态，城市形态通常用形状、大小和城市环境的结构来度量。城市形态的测量可包含一系列特征——单一质心/多质心、高/低发展密度、紧凑的/离散的发展等。目前，还没有普遍的方法可被用于测量这些特征。以下是一些常用的与城市形态和结构有关的度量指标。

1. 熵与城市扩散度

由于交通的改善、地价的上升和城市拥挤等，城市扩散是许多城市发展的普遍形式。可利用信息学中的熵来描述城市的扩散度。香农熵（Shannon Entropy）通常被用来测量n个地区地理变量（x_i）的空间聚集度或离散度[2]，其计算公式如下：

$$H_n = \sum_i^n P_i \log_2\left(\frac{1}{P_i}\right) \qquad (2-2)$$

式中：P_i——某个地区的事件发生概率；$P_i = \dfrac{x_i}{\sum x_i}$ ；

$\quad\quad x_i$——观察值；

$\quad\quad n$——总的地区数量。

熵的范围从0到$\log_2 n$。如果地理变量的分布具有最大聚集度，那么熵值可能是0或较小的值；如果地理变量的分布具有最大分散度，那么熵值可能是最大值$\log_2 n$。

相对信息熵通常用来度量熵的相对值，它使得不同系统的信息熵易于比较，值的范围为0～1。相对信息熵H_n'的计算公式如下：

$$H_n' = \sum_{i}^{n} P_i \log_2 \frac{\dfrac{1}{P_i}}{\log_2 n} \quad\quad （2-3）$$

因为熵值能用于测量地理现象的分布，所以在时间t和$t+1$之间，不同熵值的测量通常可以表示城市扩展变化的快慢。

$$\Delta H_n = H_n(t+1) - H_n(t) \quad\quad （2-4）$$

熵值的改变通常用于识别土地发展是趋向于分散模式还是紧凑模式。城市发展空间模式的时间变化特点，从熵值的变化中能很容易地获得。熵值的增加表明城市扩展或城市发展趋向于分散模式。

2. 紧凑度与城市形态

测量地物形态信息的一个简单指标是面积和周长的比，这个比值通常可以用来区别不同对象的形状。单个对象的紧凑度指数（Compactness Index，CI）的计算公式如下：

$$CI = \frac{4S}{P^2} \quad\quad （2-5）$$

式中：S——对象的总面积；

$\quad\quad P$——对象的周长。

圆的紧凑度指数最大$\left[CI = \dfrac{1}{2\sqrt{\pi}} > 0.25 \right]$，正方形的紧凑度指数是0.25，线的紧凑度指数最小。紧凑度指数可用来度量土地利用的集聚程度，或用于表明城市发展的紧凑度。一种土地利用类型往往有许多斑块，故其紧凑度指数可修改为：

$$CI' = \frac{1}{n} \sum_{j=1}^{n} \frac{4S_j}{P_j^2} \quad\quad （2-6）$$

式中：S_j和P_j——斑块j的面积和周长。

用Arc/Info Grid可以很容易地计算出每一种土地利用类型的总面积和总周长。紧凑度指数越大，表明该土地利用类型在空间中的分布越紧凑。

3. 分形

分形理论在对自然界的研究中有大量的应用，已被广泛运用于研究自然界的自相似问题和不规则的对象。研究表明，城市形态在结构上是不规则的，分形是城市形态的一个十分重要的特征。[3] 城市复杂系统在一定范围的尺度上显示了自相似特性，这些特点表明分形算法在测度城市复杂性方面是一个比较好的方法。

通过城市密度函数能够很方便地计算分形指数。首先，人口密度的反距离衰减函数可以表达为：

$$p(R) = HR^{-\alpha} \tag{2-7}$$

式中：$p(R)$——人口密度；

$\qquad R$——与城市中心的距离；

$\qquad \alpha$——控制城市分布的参数；

$\qquad H$—— 一个常数。

累计的人口函数是：

$$N(R) = GR^{2-\alpha} \tag{2-8}$$

很明显，面积也能通过与城市中心的距离 R 来定义：

$$A(R) = KR^2 \tag{2-9}$$

参数 α 与分形指数 $D=2-\alpha$ 相关，公式如下：

$$N(R) = GR^D \tag{2-10}$$

式（2-10）和式（2-9）的比就是人口密度函数：

$$p(R) = \frac{GR^D}{KR^2} \propto R^{D-2} \tag{2-11}$$

式（2-11）用人口密度和距离之间的关系估算分形指数，也可以用回归分析来估算。

2.3.3　土地评价

有时候，我们通过执行一系列组合的 GIS 操作，才能得到用于城市模拟的输入数据。例如，城市模拟需要使用针对某一目的的土地利用适宜度。这些土地利用适宜度在一般的 GIS 数据库中是没有存储的，因为存储它们会导致数据冗余；而且，土地评价的方法会根据不同的情况而发生变化。在许多应用中，它们仅仅是中间产品。在数据库中永久地保存它们是没有必要的。

土地评价是估计土地作为某种用途所具有的潜力的过程，土地评价能决定某块土地是否适合于特定类型的土地利用。土地评价通常基于一系列空间因子，如位置、通达性、土壤类型、地形和土地利用类型等。

土地评价的方法主要有分类系统法和参数法两种。分类系统法是根据特定的目的，把土地分成几种类型。分类存在主观性，关于如何分类，学者们并没有达成一致意见。但分类系统法易于理解，操作和训练较为方便，所以得到了广泛应用。参数法被认为是更加灵活和有用的方法，特别是当运用GIS时，其原因在于它采用连续的尺度。然而，最终还是要把参数值转换为分类等级，以获取有限的等级类型，而便于使用。这两种方法在土地评价中都被频繁使用。

土地评价需要考虑地形、气候、水文、植被和土壤等信息。但在通常情况下，一个地方的气候是相对不变的，故可以不考虑该因素。因此，在农业土地利用中，虽然土地评价涉及许多变量，但土壤属性中的地形和水文信息等要素是土地评价的主要因素。土地评价的主要产品是土地适宜性，它表示某种土地利用的潜力值。

在土地评价中，结合各种不同评价因素需要设定不同因子的权值，在土地评价中怎样确定这些权值是至关重要的。很明显，根据土地利用目的的不同，各种因子的权值也是不一样的。例如，用于农业目的的土地评价与土壤属性更相关；而工业用地则主要基于交通条件、地形及其与城市中心的距离。在某些情况下，适合工业发展的用地也同时适合农业生产，这就导致了用地冲突的问题，通过土地评价所得到的信息，可以发现并解决土地利用冲突的问题，从而确保重要的农业用地及生态保护区不被城市用地所侵占。

多准则评价（Multi-Criteria Evaluation，MCE）技术被广泛应用于处理决策中所涉及的多准则问题。MCE对于分析复杂性的平衡问题非常有用。它有三个主要的MCE技术：理想点分析法、层次分析法、一致/相异性分析法。但在栅格GIS中，有大量的单元需要被评价，太复杂的MCE方法在GIS环境中并不适用，较为简单的线性权值组合因子方法被广泛使用，其计算公式如下：

$$S = \frac{\sum_i w_i X_i}{\sum_i w_i} \tag{2-12}$$

式中：S——适宜度；

w_i、X_i——权值、变量i的值。

2.4 本章小结

本章主要对地理空间模拟的各类空间数据进行了简要介绍，并描述了空间数据的获取和处理的基本方法；同时，向读者介绍了将地理数据输入地理空间模拟的基本方法，以供学习。

参考文献

［1］王鹏飞，徐文萍. 村级尺度下土地集约度因素分析——以山东省东老庄村为例［J］. 地理研究，2015，34（06）：1088-1096.

［2］陈世莉，陈浩辉，李郇. 夜间灯光数据在不同尺度对社会经济活动的预测［J］. 地理科学，2020，40（09）：1476-1483.

［3］苑希民，韩超，徐浩田，等. 基于分形理论与SVM的河冰高分遥感影像智能识别方法研究［J］. 自然灾害学报，2021，30（02）：117-126.

第 3 章

MATLAB——
地理空间模拟工具

3.1 MATLAB简介

MATLAB的基本数据单位是矩阵，它的指令表达式与数学、工程中常用的形式十分相似。软件主要面对科学计算、可视化以及交互式程序设计的高科技计算环境。它将数值分析、矩阵计算、科学数据可视化，以及非线性动态系统的建模和仿真等诸多强大功能集成在一个易于使用的视窗环境中，且在很大程度上摆脱了传统非交互式程序设计语言的编辑模式。[1]本章将介绍MATLAB矩阵的表示方法、运行环境，以及相关算法需要搭载的工具箱。

本书基于MATLAB R2019a版本进行程序设计，书中涉及的程序在MATLAB R2019a版本及以后的版本中均可运行。在MATLAB集成开发环境下，集成了管理文件、变量和应用程序的许多编程工具。

在MATLAB桌面上可以得到和访问的窗口主要有：命令行窗口（Command Window）、命令历史窗口（Command History Window）、启动平台（Launch Pad）、编辑调试窗口（Edit/Debug Window）、工作区浏览器和数组编辑器（Workspace Browser and Array Editor）、帮助浏览器（Help Browser）、以及当前路径浏览器（Current Directory Browser）。

单击主页界面下的布局（Layout），可选择显示的窗口。例如在图3-1中，界面显示了当前文件夹、命令行窗口和工作区，以及命令历史记录窗口。

图3-1 MATLAB界面布局修改

MATLAB支持程序的开发，并且其内部函数的代码也是开源的，用户可以根据自己设计的程序文件，自行调用。图3-2为MATLAB程序的脚本文件，用户可在里面书写代码并修改、调试，相当方便。直接在主页单击新建脚本按钮，默认新建的文件名为untitled.m文件。

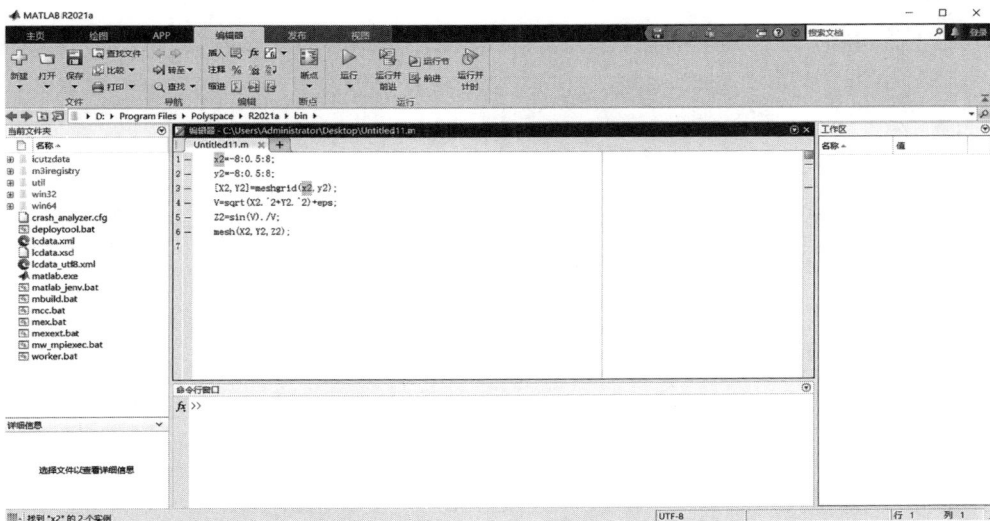

图3-2　MATLAB脚本文件

MATLAB可进行2D图形的绘制，MATLAB默认的图像、曲线、颜色是自动编号的。在MATLAB R2021a版本中，提供了快捷的绘图界面。在绘图界面内，有很多不同类型的输出图形（图3-3）。

对于3D图形，MATLAB也能较好、较迅速地表征出来。图3-4所示为MATLAB图标的3D曲面造型。采用mesh函数可以快速地表征MATLAB曲面。

对于图3-3和图3-4所示图形，MATLAB数据都存在于矩阵数组中，用whos命令可以产生一个在当前工作区内的所有变量和数组状况表。在命令行窗口（Command Window）中直接输入whos命令，可显示工作区（Workspace）中所有变量的属性（图3-5）。

MATLAB函数查询如图3-6所示，单击输入命令行左侧的fx，上拉一个对话框，在对话框内输入函数名称，即可进行相关查询。对于查询到的函数，单击鼠标，在右侧将出现该函数的用法对话框，可在此进行该函数的用法预览。

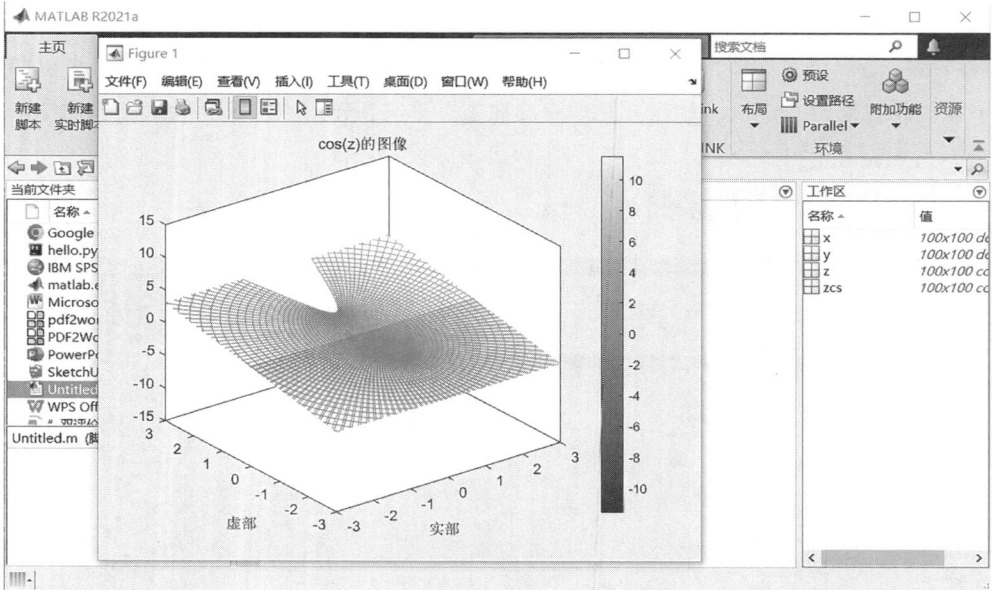

图3-3　MATLAB的2D图形绘制

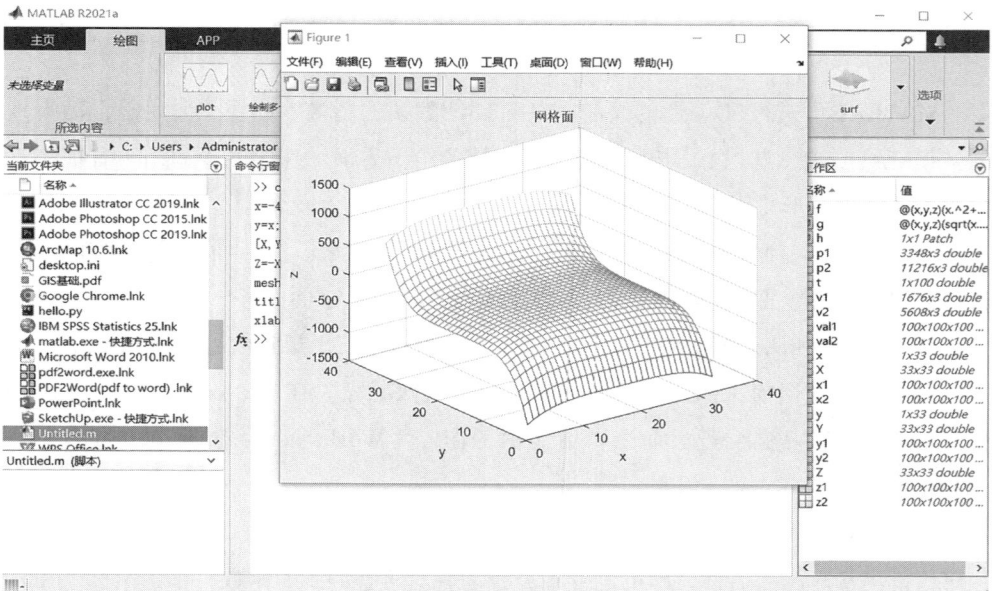

图3-4　MATLAB的3D图标绘制

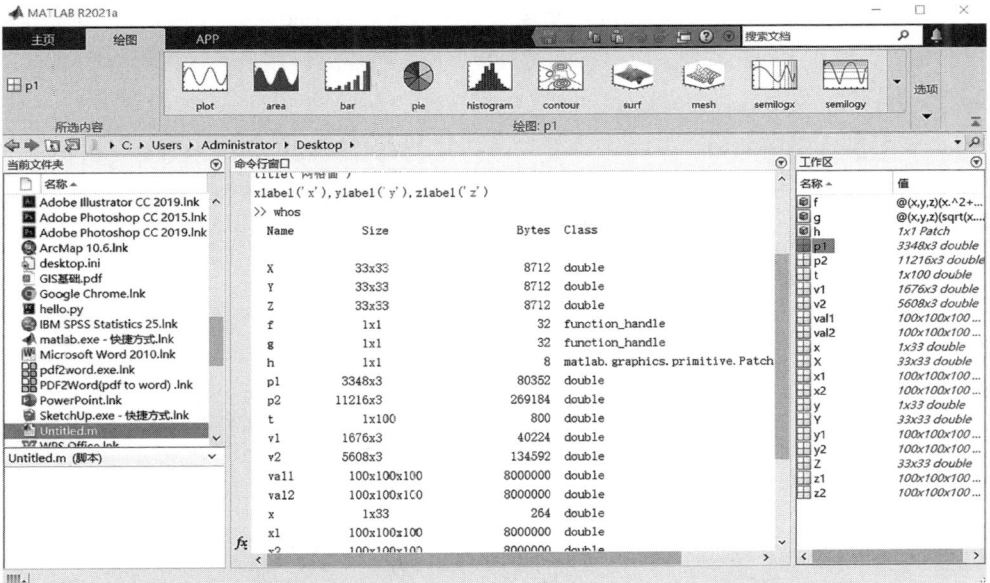

图3-5　MATLAB矩阵属性查看

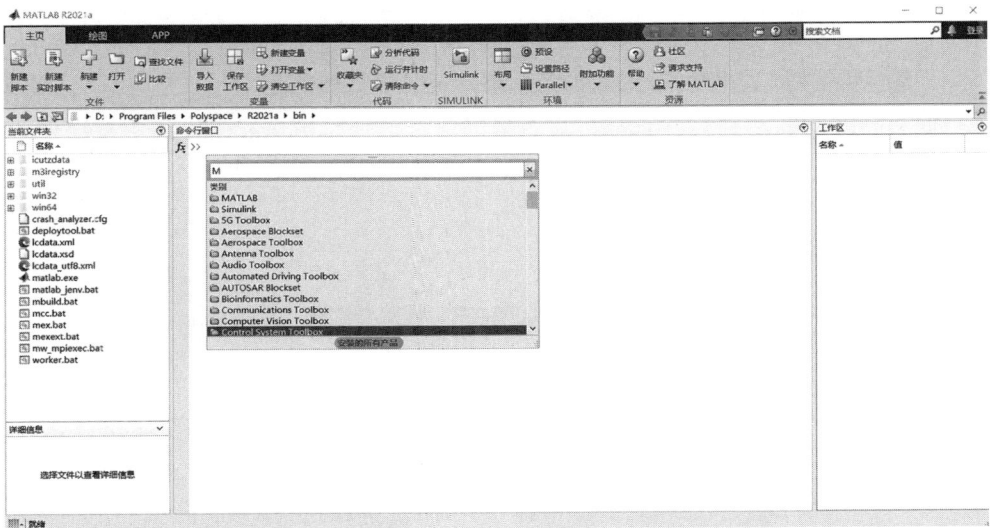

图3-6　MATLAB函数查询

　　MATLAB提供了Help帮助功能，单击HOME主页上的Help命令，会弹出如图3-7所示的查询界面。该界面罗列了MATLAB工具箱，用户可以进行相关函数和Demo的查询。

图3-7　MATLAB的Help界面

　　MATLAB集成了很多工具箱，不同版本的MATLAB工具箱更新程度不同，如想查询工具箱的种类和版本，可直接在MATLAB的命令行窗口中输入ver命令，回车即可得到MATLAB R2021a的版本信息，具体如图3-8所示。

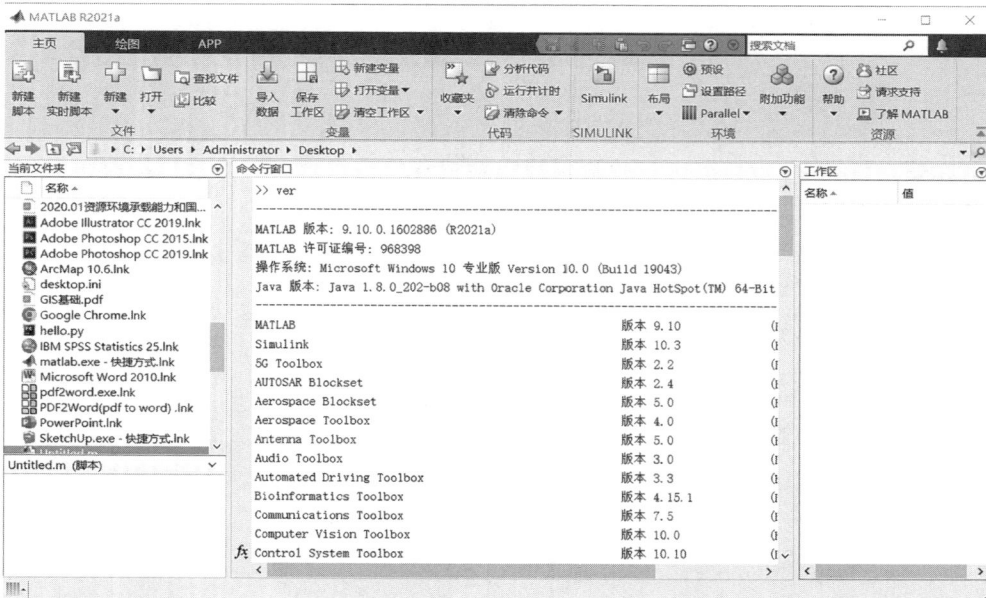

图3-8　MATLAB版本信息查询

MATLAB版本信息如下：

\>\> ver

——

MATLAB版本：9.10.0.1602886（R2021a）

MATLAB许可证编号：968398

操作系统：Microsoft Windows 10专业版Version 10.0（Build 19043）

Java版本：Java 1.8.0_202-b08 with Oracle Corporation Java HotSpot（TM）64-Bit Server VM mixed mode

MATLAB	版本 9.10	（R2021a）
Simulink	版本 10.3	（R2021a）
5GToolbox	版本 2.2	（R2021a）
AUTOSAR Blockset	版本 2.4	（R2021a）
Aerospace Blockset	版本 5.0	（R2021a）
Aerospace Toolbox	版本 4.0	（R2021a）
Antenna Toolbox	版本 5.0	（R2021a）
Audio Toolbox	版本 3.0	（R2021a）
Automated Driving Toolbox	版本 3.3	（R2021a）
Bioinformatics Toolbox	版本 4.15.1	（R2021a）
Communications Toolbox	版本 7.5	（R2021a）
Computer Vision Toolbox	版本 10.0	（R2021a）
Control System Toolbox	版本 10.10	（R2021a）
Curve Fitting Toolbox	版本 3.5.13	（R2021a）
DDS Blockset	版本 1.0	（R2021a）
DO Qualification Kit	版本 3.11	（R2021a）
DSP System Toolbox	版本 9.12	（R2021a）
Data Acquisition Toolbox	版本 4.3	（R2021a）
Database Toolbox	版本 10.1	（R2021a）
Datafeed Toolbox	版本 6.0	（R2021a）
Deep Learning HDL Toolbox	版本 1.1	（R2021a）
Deep Learning Toolbox	版本 14.2	（R2021a）
Econometrics Toolbox	版本 5.6	（R2021a）
Embedded Coder	版本 7.6	（R2021a）

Filter Design HDL Coder	版本 3.1.9	（R2021a）
Financial Instruments Toolbox	版本 3.2	（R2021a）
Financial Toolbox	版本 6.1	（R2021a）
Fixed-Point Designer	版本 7.2	（R2021a）
Fuzzy Logic Toolbox	版本 2.8.1	（R2021a）
GPU Coder	版本 2.1	（R2021a）
Global Optimization Toolbox	版本 4.5	（R2021a）
HDL Coder	版本 3.18	（R2021a）
HDL Verifier	版本 6.3	（R2021a）
IEC Certification Kit	版本 3.17	（R2021a）
Image Acquisition Toolbox	版本 6.4	（R2021a）
Image Processing Toolbox	版本 11.3	（R2021a）
Instrument Control Toolbox	版本 4.4	（R2021a）
LTE Toolbox	版本 3.5	（R2021a）
Lidar Toolbox	版本 1.1	（R2021a）
MATLAB Coder	版本 5.2	（R2021a）
MATLAB Compiler	版本 8.2	（R2021a）
MATLAB Compiler SDK	版本 6.10	（R2021a）
MATLAB Parallel Server	版本 7.4	（R2021a）
MATLAB Report Generator	版本 5.10	（R2021a）
Mapping Toolbox	版本 5.1	（R2021a）
Mixed-Signal Blockset	版本 2.0	（R2021a）
Model Predictive Control Toolbox	版本 7.1	（R2021a）
Model-Based Calibration Toolbox	版本 5.10	（R2021a）
Motor Control Blockset	版本 1.2	（R2021a）
Navigation Toolbox	版本 2.0	（R2021a）
OPC Toolbox	版本 5.0.2	（R2021a）
Optimization Toolbox	版本 9.1	（R2021a）
Parallel Computing Toolbox	版本 7.4	（R2021a）
Partial Differential Equation Toolbox	版本 3.6	（R2021a）
Phased Array System Toolbox	版本 4.5	（R2021a）
Polyspace Bug Finder	版本3.4	（R2021a）

Polyspace Bug Finder Server	版本3.4	（R2021a）
Polyspace Code Prover	版本10.4	（R2021a）
Polyspace Code Prover Server	版本10.4	（R2021a）
Powertrain Blockset	版本 1.9	（R2021a）
Predictive Maintenance Toolbox	版本 2.3	（R2021a）
RF Blockset	版本 8.1	（R2021a）
RF Toolbox	版本 4.1	（R2021a）
ROS Toolbox	版本 1.3	（R2021a）
Radar Toolbox	版本 1.0	（R2021a）
Reinforcement Learning Toolbox	版本 2.0	（R2021a）
Risk Management Toolbox	版本 1.9	（R2021a）
Robotics System Toolbox	版本 3.3	（R2021a）
Robust Control Toolbox	版本 6.10	（R2021a）
Satellite Communications Toolbox	版本 1.0	（R2021a）
Sensor Fusion and Tracking Toolbox	版本 2.1	（R2021a）
SerDes Toolbox	版本 2.1	（R2021a）
Signal Processing Toolbox	版本 8.6	（R2021a）
SimBiology	版本 6.1	（R2021a）
SimEvents	版本 5.10	（R2021a）
Simscape	版本 5.1	（R2021a）
Simscape Driveline	版本 3.3	（R2021a）
Simscape Electrical	版本 7.5	（R2021a）
Simscape Fluids	版本 3.2	（R2021a）
Simscape Multibody	版本 7.3	（R2021a）
Simulink 3D Animation	版本 9.2	（R2021a）
Simulink Check	版本 5.1	（R2021a）
Simulink Code Inspector	版本 3.8	（R2021a）
Simulink Coder	版本 9.5	（R2021a）
Simulink Compiler	版本 1.2	（R2021a）
Simulink Control Design	版本 5.7	（R2021a）
Simulink Coverage	版本 5.2	（R2021a）
Simulink Design Optimization	版本 3.9.1	（R2021a）

Simulink Design Verifier	版本 4.5	（R2021a）
Simulink Desktop Real-Time	版本 5.12	（R2021a）
Simulink PLC Coder	版本 3.4	（R2021a）
Simulink Real-Time	版本 7.1	（R2021a）
Simulink Report Generator	版本 5.10	（R2021a）
Simulink Requirements	版本 1.7	（R2021a）
Simulink Test	版本 3.4	（R2021a）
SoC Blockset	版本 1.4	（R2021a）
Spreadsheet Link	版本 3.4.5	（R2021a）
Stateflow	版本 10.4	（R2021a）
Statistics and Machine Learning Toolbox	版本 12.1	（R2021a）
Symbolic Math Toolbox	版本 8.7	（R2021a）
System Composer	版本 2.0	（R2021a）
System Identification Toolbox	版本 9.14	（R2021a）
Text Analytics Toolbox	版本 1.7	（R2021a）
UAV Toolbox	版本 1.1	（R2021a）
Vehicle Dynamics Blockset	版本 1.6	（R2021a）
Vehicle Network Toolbox	版本 5.0	（R2021a）
Vision HDL Toolbox	版本 2.3	（R2021a）
WLAN Toolbox	版本 3.2	（R2021a）
Wavelet Toolbox	版本 5.6	（R2021a）
Wireless HDL Toolbox	版本 2.2	（R2021a）

　　MATLAB功能相当强大，几乎所有的工程分析问题都可以胜任，而且MATLAB计算精度较高。凭借其强大的工具箱和矩阵处理能力，MATLAB获得了学术界的广泛认可。面对不同数学分支问题的算法时，MATLAB软件能将其编制成函数，分类梳理并存储在对应的程序内，构建出一个功能完善的工具箱。在实际运用时，直接把相关参数赋予这些函数，便能测算出想要的结果。这种方法不仅能精简函数编制流程、加快运算过程，而且计算所得结果的精准度较高。作为一款高效的科学计算软件，当前MATLAB在教育、科研等领域已经实现了规模化应用。

3.2　矩阵的表示

矩阵和向量是一样的，都是用来描述某一个问题的方程组的系数，是由方程组的系数和常数构成的方阵。矩阵包括数值矩阵（实数值、复数），符号矩阵和特殊矩阵三种基本样式。

3.2.1　实数值矩阵输入

MATLAB的强大功能之一体现为能直接处理向量或矩阵，前提是用户需根据具体问题输入待处理的向量或矩阵。

通常情况下，简单地定义矩阵，可以直接按行方式输入每个元素：同一行中的元素用逗号（,）或者空格符来分隔，且空格个数不限；不同的行用分号（;）分隔，所有元素处于一个方括号（[ ]）内。当矩阵是多维（三维以上）的，且方括号内的元素是维数较低的矩阵时，会有多重方括号。

注：在MATLAB中，标点符号需在英文状态下输入。

【例3-1】实数值矩阵输入实例。

```
>> T=[11 12 1 2 3 4 5 6 7 8 9 10]
T =
Columns 1 through 11
11 12 1 2 3 4 5 6 7 8 9
Column 12
10
>> X=[2.32 3.43; 4.37 5.98]
X =
2.3200 3.4300
4.3700 5.9800
>> va=[1 2 3 4 5]
va =
1 2 3 4 5
>> MB=[1 2 4; 2 3 3; 5 4 5]
MB =
1 2 4
2 3 3
5 4 5
>> Null=[ ] %生成一个空矩阵
Null=[ ]
```

3.2.2　复数矩阵输入

复数在现行的控制工程以及复数平面（简称复平面）计算中应用较多。复数矩阵是指带有虚数的数值矩阵，复数矩阵有以下两种生成方式。

第一种方式：

【例3-2】复数矩阵输入方式一。

```
>> a=1.7; b=3/25;
C=[1, 3*a+i*b, b*sqrt (a); sin (pi/5), a+7*b, 3.9+1]
C =
1.0000          5.1000 + 0.1200i 0.1565
0.5878          2.5400 4.9000
```

第二种方式：

【例3-3】复数矩阵输入方式二。

```
>> R=[1 2 3; 4 5 6], M=[11 12 13; 14 15 16]
R =
1 2 3
4 5 6
M =
11 12 13
14 15 16
>> RM=R+i*M
RM =
1.0000+11.0000i    2.0000 +12.0000i    3.0000 +13.0000i
4.0000+14.0000i    5.0000 +15.0000i    6.0000 +16.0000i
```

3.2.3　符号矩阵的生成

在MATLAB中输入符号向量或矩阵的方法与输入数值向量或矩阵的方法，在形式上很相像，只不过要用符号矩阵定义函数sym，或用符号定义函数syms。先定义一些必要的符号变量，再和定义普通矩阵一样输入符号矩阵。

1. 用命令sym定义矩阵

定义函数sym实际上是在定义一个符号表达式。这时符号矩阵中的元素可以是任何符号或表达式，且长度没有限制，只需将方括号置于用来创建符号表达式的单引号之中。

【例3-4】sym定义矩阵输入实例。

```
>> sym_m=sym ('[a b c; Jack, Help Me!  , NO WAY!  ]')
sym_m =
[ a, b, c, 0, 0]
[ Jack, Help, factorial (Me), NO, factorial (WAY)]
>> sym_d=sym ('[1 2 3; a b c; sin (x) cos (y) tan (z)]')
sym_d =
[ 1, 2, 3]
[ a, b, c]
[ sin (x), cos (y), tan (z)]
```

2. 用命令syms定义矩阵

先将矩阵中的每一个元素定义为一个符号变量，然后和数值矩阵的操作一样，输入符号矩阵。

【例3-5】syms定义矩阵输入实例。

```
>> syms a b c
>> M1=sym ('Classical');
>> M2=sym ('Claysw');
>> M3=sym ('yellow');
>> yswM123=[a, b, c; M1, M2, M3; 2, 3, 5; 5, 4, 6]
yswM123 =
[ a, b, c]
[ Classical, Claysw, yellow]
[ 2, 3, 5]
[ 5, 4, 6]
```

3. 把数值矩阵转化为相应的符号矩阵

数值型和符号型在MATLAB中是不同的，它们之间不能直接进行转化。MATLAB提供了一个将数值型转化为符号型的命令，即sym。

【例3-6】将数值型转化为符号型输入实例。

```
>> Digit_Ma=[1/3 sqrt (3) 3.1; exp (0.3) log (10) 23^.5]
Syms_Ma=sym (Digit_Ma)
Digit_Ma=0.3333 1.7321 3.1000
1.3499 2.3026 4.7958
Syms_Ma=[ 1/3, 3^ (1/2), 31/10]
[3039611811401035/2251799813685248, 2592480341699211/1125899906842624, 23^ (1/2)]
```

3.3　图形点线样式

MATLAB的图形显示样式多种多样，它提供了可供用户选择的多种点标记和线型。

1. 点标记

MATLAB图形样式根据点标记和颜色加以区分，可以组合出各式各样的图形，具体点标记和颜色如表3-1所示。

2. 线型

[+ | o | * | . | x | square | diamond | v | ^ | > | < | pentagram | hexagram]

其中，square为正方形；diamond为菱形；pentagram为五角星；hexagram为六角星。

点标记和颜色 表3-1

字　母	颜　色	点标记	线　型
y	黄色	·	点　线
m	品红色	○	圆　线
c	青色	×	×　线
r	红色	+	十字线
g	绿色	—	实　线
b	蓝色	*	星形线
w	白色	···	虚　线
k	黑色	—·	点划线

3.4　MATLAB 自带图形集

MATLAB具有丰富的工具箱，自带很多帮助文件，在命令行窗口输入特殊命令，可直接调用并显示该类图形。

3.4.1　平面与立体绘图

【例3-7】XY平面绘图（火柴棒），运行程序得到如图3-9所示结果。

```
clc %清屏
clear all;   %删除 workplace变量第3章MATLAB基础知识
close all;   %关掉显示图形窗口
format short
%Initial
%%%XY 平面绘图（火柴棒）
graf2d
```

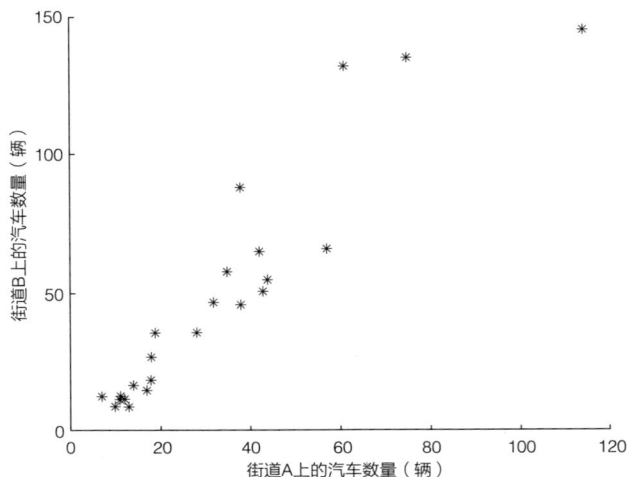

图3-9　XY平面绘图（火柴棒）

【例3-8】XYZ立体绘图（切片），运行结果如图3-10所示。

```
%%% XYZ 立体绘图（切片）
graf2d2
```

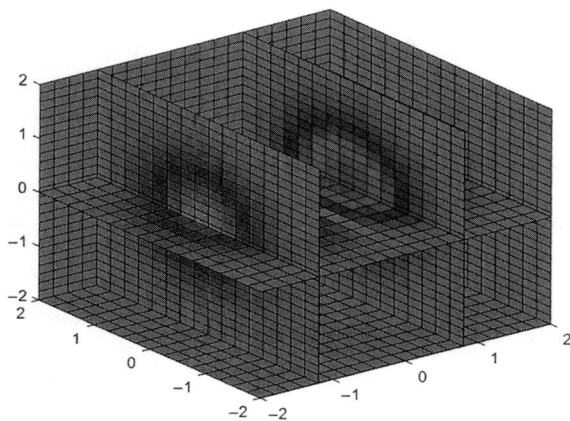

图3-10　XYZ立体绘图（切片）

【例3-9】平面显示线型处理窗口及命令演示，运行程序结果如图3-11所示。

```
%%%平面显示线型处理窗口及命令演示
hndlgraf
```

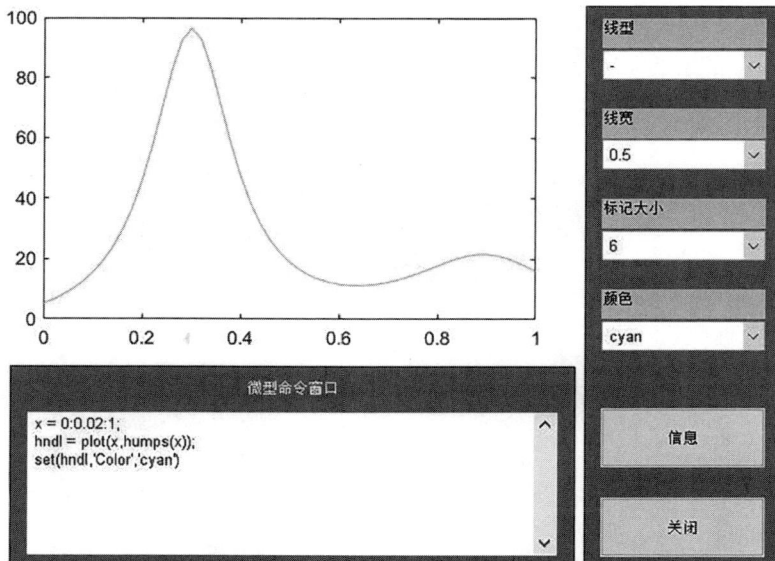

图3-11　平面显示线型处理窗口

【例3-10】平面显示处理窗口及命令演示，运行程序结果如图3-12所示。

```
%%平面显示处理窗口及命令演示
hndlaxis
```

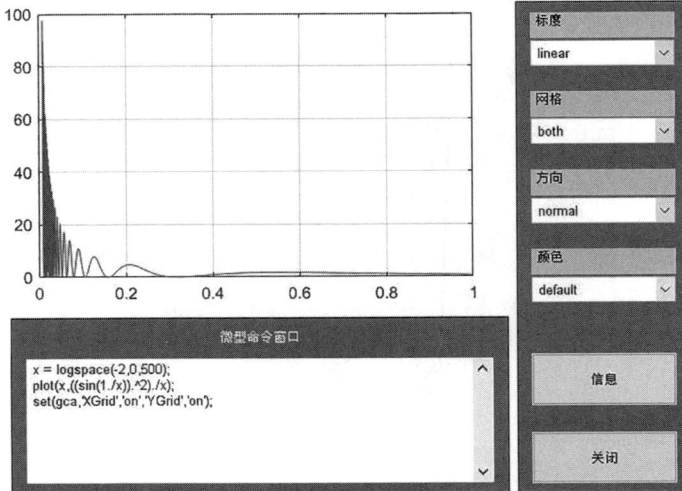

图3-12 平面显示处理窗口

【例3-11】立体显示处理窗口及命令演示，运行程序结果如图3-13所示。

```
%%立体显示处理窗口及命令演示
graf3d
```

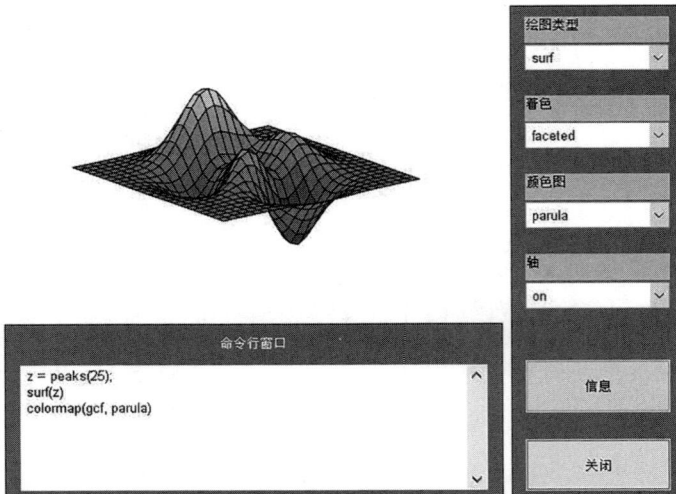

图3-13 立体显示处理窗口

3.4.2　复杂函数的三维绘图

【例3-12】复杂的XYZ立体图形，运行程序结果如图3-14所示。

```
%%复杂的 XYZ 立体图形
cplxdemo
```

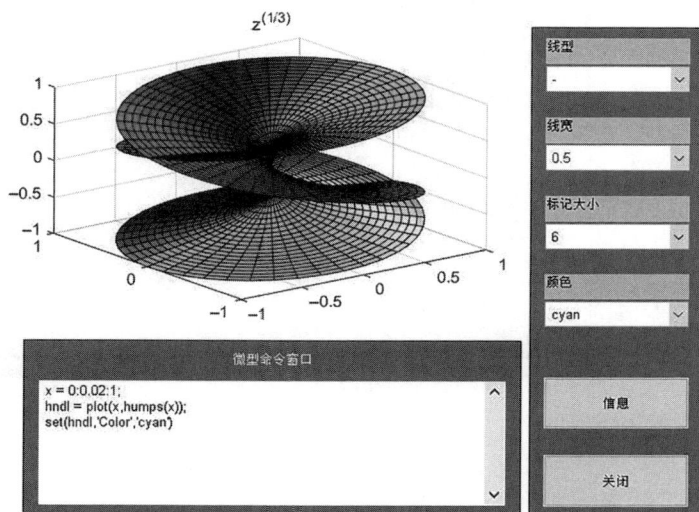

图3-14　复杂的XYZ立体图形

【例3-13】肤色三维效果图，运行程序结果如图3-15所示。

```
%%肤色三维效果图
klein1
```

图3-15　肤色三维效果图

【例3-14】四个首尾相接的圆环，运行程序结果如图3-16所示。

```
%%四个首尾相接的圆环
tori4
```

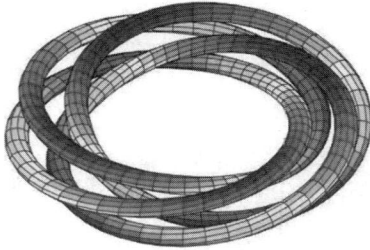

图3-16   四个首尾相接的圆环

【例3-15】Klein瓶，运行程序结果如图3-17所示。

```
%%Klein 瓶 bottle
xpklein
```

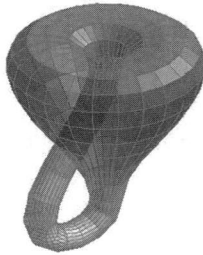

图3-17   Klein瓶

【例3-16】L-形薄膜的12种模态，运行程序结果如图3-18所示。

```
%%L-形薄膜的 12 种模态
modes
```

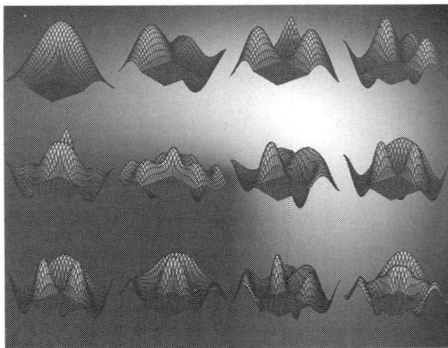

图3-18   L-形薄膜的12种模态

3.4.3　等高线绘制

【例3-17】等高线箭头显示，运行程序结果如图3-19所示。

```
%%等高线箭头显示
quivdemo
```

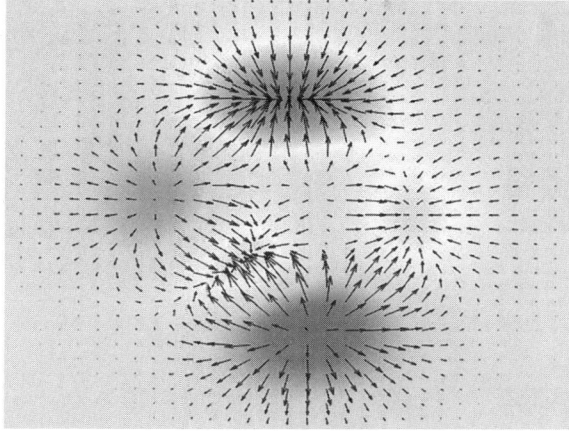

图3-19　等高线箭头显示

3.4.4　MATLAB动画

【例3-18】L-形薄膜振动，运行程序结果如图3-20所示。

```
%%L-形薄膜振动
vibes
```

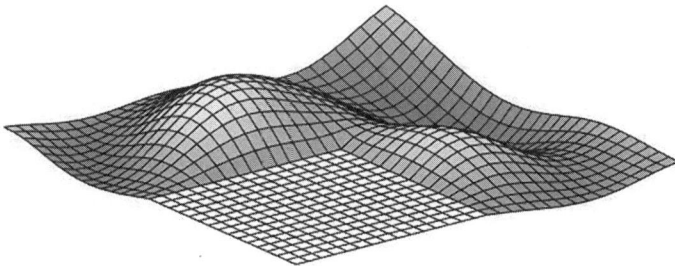

图3-20　L-形薄膜振动

【例3-19】二维桁架的12个模态，运行程序结果如图3-21所示。

```
%%二维桁架的 12 个模态
truss
```

桁架的弯曲模式

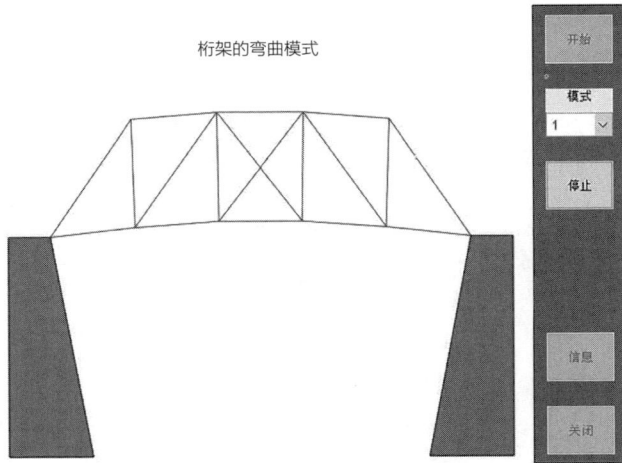

图3-21 二维桁架模态分析

3.5 数据拟合

【例3-20】显示非线性数据拟合过程，运行程序结果如图3-22所示。

```
%%显示非线性数据拟合过程
x=[0.2, 0.4, 0.8, 1.1, 1.2, 1.6, 1.8, 2];
y=[2.35, 1.38, 0.81, 0.62, 0.78, 1.43, 2.25, 3.18];
ex= {'x^2', 'sin (x)', '1'};
ft=fittype (ex);
fo=fit (x', y', ft);
plot (x, fo (x), x, y, 'o');
```

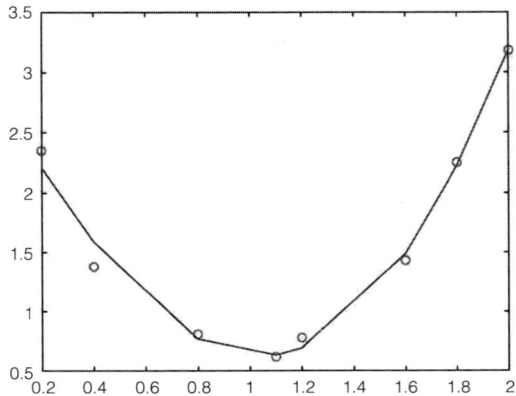

图3-22 非线性数据拟合

【例3-21】预测世界人口，运行程序结果如图3-23所示。

```
%%预测世界人口
'census'
```

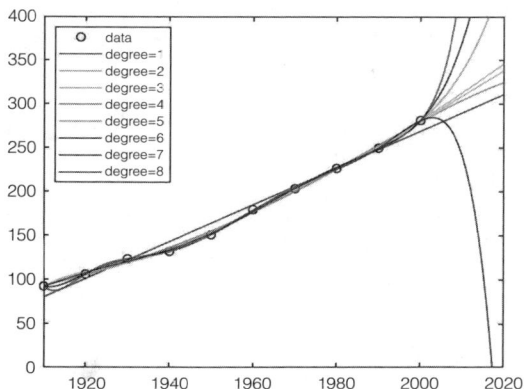

图3-23　预测世界人口

3.6　本章小结

　　MATLAB的绘图功能集理论教学与实验演示于一体，使一些抽象的概念能用可视化的图形来表示，达到了传统教学无法实现的效果。[2]MATLAB以矩阵形式进行数值运算，运行效率较高，在工程上得到了广泛应用。本章主要介绍了MATLAB的基础知识及其应用；讲述了矩阵表示方法、MATLAB内置等高线的绘制、数据拟合，以及用复杂函数表示图形集等，以供读者学习。

参考文献

［1］张涛. 计算机编程软件MATLAB在数据处理方面的运用［J］. 电子技术与软件工程，2022（09）：45-48.

［2］张凤，郭洪杰，刘强. MATLAB在高等数学教学中的可视化应用［J］. 科技风，2022（15）：109-112.

第 4 章

马尔科夫链模型——
城市用地总量预测

4.1　理论基础

4.1.1　马尔科夫链简介

1906年俄国数学家A.A.马尔科夫（A.A.Markov）首次提出了一种基于数学分析方法研究自然过程的一般图式——马尔科夫链。此后，马尔科夫链在不同的专业领域得到了广泛应用；但主要是作为一种预测的方法，以历史数据为基础，使用状态转移的概念，计算未来状态的数量分布。例如，在天气预测领域，茹正亮等人利用近几年的降水量数据，预测未来年份的降雨情况。[1]在金融领域，章晨等人利用某只股票的波动数据，预测未来该股票的涨跌情况。[2]在灾害预测领域，曹彦等人利用某类灾害每年的发生次数、频率等数据，预测未来即将发生此类灾难的情况。[3]在库存领域，于文等人利用货物在一段时间内的出售数据，预测未来的客户需求，确定补货、进货的方案。[4]在道路交通方面，吴迪利用路网运行的历史数据，分配各条道路的权值，为城市交通规划提供数据基础。[5]在IT领域，最为著名的案例则是谷歌公司利用马尔科夫链原理开发的PageRank算法。[6]该算法可用于网页排序，将网页之间的转换看作不同状态的转移，力求快速精准地将用户搜索的信息呈现出来，并按照相关程度由高到低排列。

此外，在多年的研究过程中，学者们对马尔科夫链进行了各种类型的优化、修正，建立了加权马尔科夫链模型、隐马尔科夫链模型和灰色马尔科夫链模型等，用于对所需情景进行更加精准的预测。

4.1.2　马尔科夫链原理

马尔科夫链模型表示一种状态离散的随机过程，是基于过程理论形成的用来预测事件发生概率的方法。[7]该原理涉及如下相关概念：

（1）马尔科夫链模型过程：在某个事件的发展过程中，如果状态转移过程具有无后效性，或者说，每一次状态转移都只与前一时刻的状态有关，这样的过程被称为马尔科夫链模型过程。

（2）状态转移概率：在描述某个事件的状态发展过程时，从某一种状态转移到下一时刻其他状态的可能性，即为状态转移概率。在土地利用变化预测的应用中，"状态"通常指用地类型，如耕地、林地、建设用地等。

（3）状态转移概率矩阵：假定某一事件发展过程中可能有 n 个不同的状态，分别记为 E_1，E_2，$\cdots$，E_n；设 P_{ij} 为系统从状态 E_i 转移到状态 E_j 的概率，则这些概率组成的矩阵称为状态转移概率矩阵，其表达式如下：

$$P = P_{ij} = \begin{bmatrix} P_{11} & P_{12} & \cdots & P_{1n} \\ P_{21} & P_{22} & \cdots & P_{2n} \\ \vdots & \vdots & \ddots & \vdots \\ P_{n1} & P_{n2} & \cdots & P_{nn} \end{bmatrix} \qquad （4-1）$$

如果被预测的某一事件在某一时刻处于状态 E_i，则下一时刻，它可能由状态 E_i 转向 $E_1, E_2, \cdots, E_n$ 中的任意状态，所以 P_{ij} 满足如下条件：

$0 \leqslant P_{ij} \leqslant 1$（$i, j = 1, 2, \cdots, n$）；

$\sum_{j=1}^{n} P_{ij} = 1$（$i, j = 1, 2, \cdots, n$）。

马尔科夫过程的三个假设是：转移概率矩阵 P 必须保持逐年不变；在研究期内，系统状态的数量保持不变，状态转移只受前一时刻的影响。

马尔科夫过程是一种特殊的随机变化的过程，具有无后效性（即马尔科夫性）和时间的离散性。该过程在时刻 t_0 所处的状态为已知的条件下，在时刻 $t > t_0$ 时的状态分布和 $t < t_0$ 时的状态无关。此外，马尔科夫过程还具有时齐性，即某一随机过程从 t_0 时刻到 $t_0 + t$，状态从 i 转换为 j 的概率 $P_{ij}(t_0, t_0 + t)$，这个概率只依赖时间间隔的长短（t），而与起始时间（t_0）无关。

马尔科夫模型基于马尔科夫链理论，依据系统中不同状态的起始概率和状态转移矩阵，通过上一区间的概率矩阵对下一区间进行预测，而数据变化通常是依据距离最近的一个时间序列，所以马尔科夫模型有对于短期预测较为准确的优势。在一定条件下，土地的时空变化具有马尔科夫过程的特性。[8] 这主要体现在，在一定范围内，不同用地类型之间具有相互转化性；同时，由于人类有意识的改造活动，不同用地类型之间的转化过程包含有大量尚难以用抽象的函数关系来准确描述的事件。所以，用马尔科夫模型研究土地利用变化具有一定的可行性。其中，与不同用地类型对应的是马尔科夫过程中的"可能状态"，不同用地类型相互转化的数量、概率就是状态转移矩阵。因此，本研究采用马尔科夫模型，旨在定量分析各土地利用类型之间的转化问题，为分析不同用地类型间的转化数量、方向与变化程度提供依据。

4.2　案例背景

4.2.1　问题描述

自从"国际地圈-生物圈计划"（IGBP）和"国际全球环境变化人文因素计划"（IHDP）两大国际组织，于1995年共同制定并发表了"土地利用/土地覆被变化研究计划"（LUCC）以来，世界各国广泛开展了对土地利用及土地覆被变化（Land-Use and Land-Cover Chang，LUCC）的研究。诸多研究均表明土地质量退化、空气污染、水质恶化等生态环境问题的出现总是与不合理的土地利用联系在一起，而合理的土地利用往往会促使区域生态环境向适应人类需求的良性方向发展。[9]国内外很多基于区域尺度的LUCC研究均取得了丰硕的成果。[10]这些成果在时间和空间上较好地反映了被研究区域的生态环境变化，为区域生态、经济的可持续发展提供了重要的理论依据。[11]土地利用需求预测主要采用数值模拟模型分析，如灰色模型、系统动力学模型、马尔科夫模型和回归分析等。其中，马尔科夫链模型计算效率较高，具有数量预测方面的优势，可以为未来的土地利用格局预测提供数量约束。

马尔科夫链模型过程是无后效性的一种特殊的随机运动过程。马尔科夫模型通过对系统不同状态的初始概率以及状态之间转移概率的研究来确定系统各状态的变化趋势，从而达到对未来趋势进行预测的目的。它有三个假设：①马尔科夫模型是随机的，从状态i到状态j的转移概率满足$\sum_{j=1}^{m} P_{ij} = 1$，其中$j$=1, 2, 3, …, m；②马尔科夫链是一个一阶模型，即系统在t+1时刻的状态只与t时刻所处的状态有关；③转移概率不发生改变。

本研究利用1999年、2005年、2011年、2017年4期土地利用覆被数据，以不同的步长（时间间隔），对绵阳市未来的土地利用覆被面积占比数据进行了预测和检验（表4-1）。

绵阳市未来土地利用覆被面积占比表   表4-1

类型 土地面积/ 比例/变化量	耕地	裸地	林地	建设用地	其他用地	水域
1999年土地面积（hm²）	74287.70	2398.93	23010.40	2728.26	7354.88	3653.26
比例	0.65	0.02	0.20	0.02	0.06	0.03
2005年土地面积（hm²）	73809.50	2828.56	22225.70	3220.01	8117.75	3231.95
比例	0.65	0.02	0.20	0.03	0.07	0.03
土地利用变化量（hm²）	-478.20	429.63	-784.70	491.75	762.87	-421.31
2011年土地面积（hm²）	70873.70	4304.10	19731.10	8362.45	6374.93	3787.25
比例	0.62	0.04	0.17	0.07	0.06	0.03
土地利用变化量（hm²）	-2935.80	1475.54	-2494.60	5142.44	-1742.82	555.30
2017年土地面积（hm²）	61680.80	4718.18	18575.50	11710.20	12943.30	3805.46
比例	0.54	0.04	0.16	0.10	0.11	0.03
土地利用变化量（hm²）	-9192.90	414.08	-1155.60	3347.75	6568.37	18.21

4.2.2　解题思路及步骤

马尔科夫模型基于马尔科夫链理论，依据系统中不同状态的起始概率和状态转移矩阵，通过上一区间的概率矩阵对下一区间进行预测，而数据变化通常是依据距离最近的一段时间序列，所以马尔科夫模型有对于短期预测较为准确的优势。在一定条件下，土地时空变化具有马尔科夫过程的特性。这主要体现在，在一定范围内，不同用地类型之间可以相互转化；由于人类有意识的改造活动，这一转化过程包含着大量尚难以用抽象的函数关系来准确描述的事件；所以，用马尔科夫模型研究土地利用变化具有一定程度的可行性。其中，不同的用地类型对应的是马尔科夫过程中的"可能状态"，不同用地类型相互转化的数量或者概率就是状态转移矩阵。本研究采用马尔科夫模型，旨在定量分析各土地利用类型之间的转化问题，为分析不同用地类型间的转化数量、方向与变化程度提供依据。

首先，在ArcGIS中利用相交工具，将t时刻的土地利用类型数据与$t+1$时刻的土地利用类型数据进行相交，得到土地利用转移面积矩阵。其次，将土地利用转移面积矩阵和初始年土地利用面积数据导入MATLAB中，计算土地利用转移概率矩阵。再次，将$t+1$时刻各土地利用类型占比乘以转移概率矩阵。最后，整合结果，得到$t+2$时刻土地利用类型占比数据。具体步骤见图4-1。

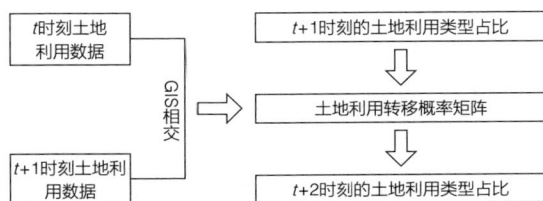

图4-1　马尔科夫链预测流程图

4.3　MATLAB程序

4.3.1　清空环境变量

程序运行之前，应先清除工作区（Workspace）中的变量及命令行窗口（Command Window）中的命令，具体程序如下：

```
%% 清空环境变量
clear all
clc
```

4.3.2 导入Excel格式的数据文件

将初始年土地利用覆被面积和土地利用覆被转移面积矩阵导入MATLAB中，数据中存放着研究区的样本属性变量及其对应的土地利用标签变量，各种用地类型与标签的对应关系如表4-2所列。

用地类型与标签的对应关系表   表4-2

用地类型	耕地	裸地	林地	建设用地	其他用地	水域
标签	1	2	3	4	5	6

具体程序如下：

```
%%导入土地利用面积数据
LandTransition=xlsread ('1999-2005.xlsx', 'sheet1')   % 读取土地利用面积转移矩阵
Land=xlsread ('1999-2005.xlsx', 'sheet2')   % 读取1999年土地利用面积数据
Landtotal=sum (Land)   % 计算土地利用面积总和
PredictedProportion1=Land/Landtotal   % 计算各类土地利用面积占比
Transferout=sum (LandTransition, 2)   % 计算各类土地利用数据转出总和
```

4.3.3 计算土地利用转移概率矩阵

计算土地利用转移概率矩阵。

```
    Transition=[]
for i=1: size (LandTransition, 2)
    x=LandTransition (i, :)
    y=Transferout (i)
    for ii=1: size (LandTransition, 1)
        Transition1 (1, ii)=x (ii)/y
    end
    Transition (i, :)=Transition1
end
```

4.3.4 预测未来土地利用数据

根据前文程序所得土地利用转移概率矩阵预测未来土地利用数据。

```
for t=1: size (Transition, 2)
    m=PredictedProportion1
    for tt=1: size (Transition, 2)
        PredictedProportion1 (:, tt)=m*Transition (:, tt)
    end
```

> PredictedProportion (t, :)= PredictedProportion1
> % 未来各类土地利用面积占比
> end
> PredictedArea=PredictedProportion*Landtotal
> % 计算未来各类土地利用的面积

4.3.5 计算结果

第一步：统计历年土地利用数据及占比。

第二步：在GIS里运用相交操作统计1999年、2005年两期土地利用数据各个土地利用类型相互转入与转出的面积，得到土地利用转移概率矩阵（表4-3）。

1999～2005年土地利用转移矩阵 表4-3

土地利用类型		2005年						
		耕地	裸地	林地	建设用地	其他用地	水域	合计转出
1999年	耕地 面积	67749.70	1549.56	0.00	308.07	4656.91	23.47	6538.01
	耕地 比例	0.91	0.02	0.00	0.00	0.06	0.00	
	裸地 面积	664.25	756.11	0.00	44.29	933.14	1.14	1642.82
	裸地 比例	0.28	0.32	0.00	0.02	0.39	0.00	
	林地 面积	745.11	56.71	22085.80	2.20	95.64	24.96	924.62
	林地 比例	0.03	0.00	0.96	0.00	0.00	0.00	
	建设用地 面积	0.10	0.00	18.72	2708.25	1.19	0.00	20.01
	建设用地 比例	0.00	0.00	0.01	0.99	0.00	0.00	
	其他用地 面积	4393.21	382.06	9.37	148.92	2417.44	3.88	4937.44
	其他用地 比例	0.60	0.05	0.00	0.02	0.33	0.00	
	水域 面积	257.16	84.12	111.76	8.28	13.43	3178.51	474.75
	水域 比例	0.07	0.02	0.03	0.00	0.00	0.87	
合计转入		6059.83	2072.45	139.85	511.76	5700.31	53.45	14537.65

注：表中各类土地利用面积的单位是hm²。

第三步：带入式（4-2）进行计算：

$$S_{(t+1)} = \sum_{j=1}^{n} a_{ij} S_{jt} \qquad (4-2)$$

式中：S_{jt}——指土地利用类型j在t时刻的面积；

　　　　n——区域土地覆被类型的数目；

　　　　a_{ij}——土地利用/土地覆被类型i转变为土地利用/土地覆被类型j的转移概率。

结合马尔科夫链中的状态概率递推公式（4-3）：

$$\begin{cases} P(1) = P(0)P(n) \\ P(2) = P(1)P(n) = P(0)P(n)^1 \\ \quad\cdots\cdots \\ P(k) = P(k-1)P(n) = \cdots = P(0)P(n)^k \end{cases} \quad （4-3）$$

将两期土地利用数据中前一年的土地利用类型初始占比作为初始状态概率向量$P(0)$，土地利用转移矩阵作为状态转移概率矩阵$P(n)$，运算依次得到$P(1) \sim P(6)$六个转移状态概率向量，作为每个状态下每一个用地类型的面积占比，得到$P(1) \sim P(6)$六个转移状态的预测值（表4-4）。

1999～2005年土地利用转移概率矩阵　　　　　　　　表4-4

土地利用类型	耕地	裸地	林地	建设用地	其他用地	水域
P(1)	0.651	0.025	0.196	0.028	0.072	0.028
P(2)	0.651	0.026	0.189	0.033	0.075	0.025
P(3)	0.654	0.027	0.183	0.037	0.077	0.022
P(4)	0.657	0.027	0.176	0.042	0.077	0.020
P(5)	0.660	0.027	0.170	0.047	0.078	0.018
P(6)	0.663	0.027	0.164	0.051	0.078	0.016

第四步：分别根据一年、三年、六年三个步长，选取相应的状态转移概率向量，作为对应年的土地利用类型面积占比，再乘以土地利用总面积，分别得到预测年份各个土地利用类型的面积数据。

第五步：将预测的数据与实际数据作对比，计算各个土地利用类型的预测误差（误差=|真实值－预测值|/真实值）；再对各个土地利用类型的预测误差值求和，得到使用不同状态转移概率矩阵和不同步长情况下的总误差（表4-5），从中选取最佳的状态转移概率矩阵和步长。

2005～2017年土地利用预测误差对比表　　表4-5

年份	模拟步长及数值	类型	耕地	裸地	林地	建设用地	其他用地	水域	总误差
2005	一年	模拟值	75202.70	3086.52	18652.92	5789.77	8890.54	1811.01	—
		真实值	73809.50	2828.56	22225.70	3220.01	8117.75	3231.95	
		误 差	0.02	0.09	0.16	0.80	0.10	0.44	1.61
	三年	模拟值	73893.03	2981.99	21463.89	3728.51	8501.03	2864.99	—
		真实值	73809.50	2828.56	22225.70	3220.01	8117.75	3231.95	
		误 差	0.00	0.05	0.03	0.16	0.05	0.11	0.40
	六年	模拟值	73809.53	2828.56	22225.65	3220.00	8117.75	3231.95	—
		真实值	73809.50	2828.56	22225.70	3220.01	8117.75	3231.95	
		误 差	0.00	0.00	0.00	0.00	0.00	0.00	0.00
2011	一年	模拟值	76352.31	3098.42	15144.21	8824.35	9017.39	996.76	—
		真实值	70873.70	4304.10	19731.10	8362.45	6374.93	3787.25	
		误 差	0.08	0.28	0.23	0.06	0.41	0.74	1.80
	三年	模拟值	74542.67	3067.20	20010.75	4759.67	8786.79	2266.38	—
		真实值	70873.70	4304.10	19731.10	8362.45	6374.93	3787.25	
		误 差	0.05	0.29	0.01	0.43	0.38	0.40	1.56
	六年	模拟值	73893.03	2981.99	21463.89	3728.51	8501.03	2864.99	—
		真实值	70873.70	4304.10	19731.10	8362.45	6374.93	3787.25	
		误 差	0.04	0.31	0.09	0.55	0.33	0.24	1.56
2017	一年	模拟值	76526.56	3087.13	12414.81	11744.21	9030.82	629.84	—
		真实值	61680.80	4718.18	18575.50	11710.20	12943.30	3805.46	
		误 差	0.24	0.35	0.33	0.00	0.30	0.83	2.05
	三年	模拟值	75202.70	3086.52	18652.92	5789.77	8890.54	1811.01	—
		真实值	61680.80	4718.18	18575.50	11710.20	12943.30	3805.46	
		误 差	0.22	0.35	0.00	0.51	0.31	0.52	1.91
	六年	模拟值	74190.13	3041.68	20725.49	4243.32	8687.64	2545.20	—
		真实值	61680.80	4718.18	18575.50	11710.20	12943.30	3805.46	
		误 差	0.20	0.36	0.12	0.64	0.33	0.33	1.98

注：模拟值和真实值的单位为hm²。

4.3.6　精度检验和结果

选择不同的步长，不同的预测年份、不同的土地利用转移矩阵计算出来的预测值与真实值作对比。

（1）使用1999～2005年的土地利用转移矩阵作为$P(n)$，1999年的各类土地利用面积占比作为$P(0)$，分别使用一年、三年、六年的模拟步长，分别得到2005年、2011年、2017年的预测数据；与真实数据作对比，计算误差，绘制总误差比较图（图4-2）。由该图可知，在模拟数据相同、预测年份不同的情况下，预测年份与模拟数据的年份越接近，误差越小，六年的模拟步长为最佳模拟步长。

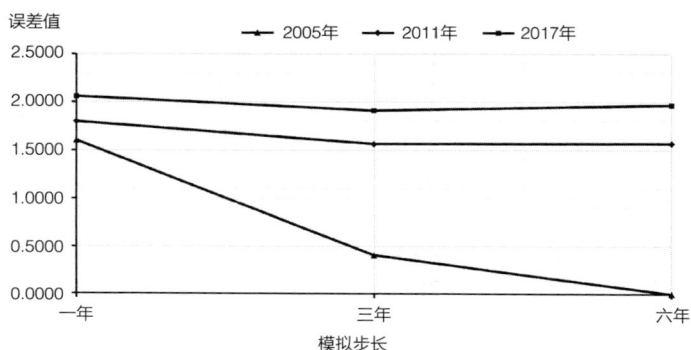

图4-2　使用1999～2005年转移矩阵的土地利用预测误差值比较图

（2）分别使用1999～2005年、2005～2011年、2011～2017年的土地利用转移矩阵作为$P(n)$，以1999年、2005年、2011年的各类土地利用面积占比作为$P(0)$；分别使用一年、三年、六年的模拟步长，得到2017年的土地利用预测数据；将该数据与真实数据作对比，计算误差；绘制总误差比较图（图4-3）。由该图可知，在预测年份相同、模拟数据不同的情况下，模拟数据与预测年份越接近，误差越小，六年的模拟步长为

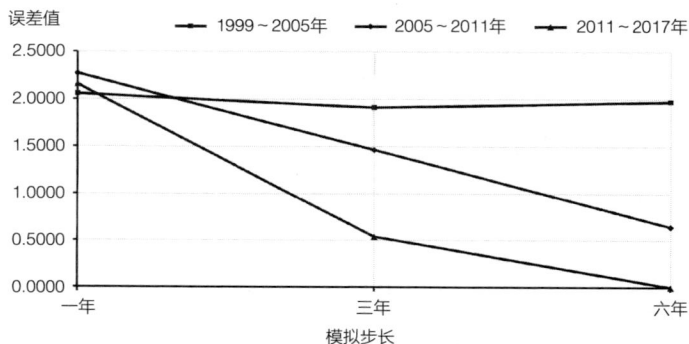

图4-3　使用不同的土地利用转移矩阵预测2017年土地利用数据误差值比较图

最佳模拟步长。

综上所述，模拟步长越接近所达之年，模拟精度越高；预测年份越接近模拟数据年份，精度越高。因此，选取模拟步长为六年，以2011～2017年的土地利用转移矩阵作为$P(n)$，以2017年的土地利用面积占比作为$P(0)$，得到2023年和2029年的土地利用数据（表4-6）。

土地利用数据预测结果（单位：hm^2）　　　　　　　　表4-6

年份＼类型	耕地	裸地	林地	建设用地	其他用地	水域
2017（真实）	61680.80	4718.18	18575.50	11710.20	12943.30	3805.46
2023（模拟）	58956.51	5028.19	17251.28	15618.32	12750.14	3828.77
2029（模拟）	56780.94	4945.98	16235.76	19419.67	12201.13	3849.52

4.4　延伸阅读

4.4.1　改进马尔科夫链原理

马尔科夫模型是一种基于马尔科夫假设的随机过程模型，其主要应用是利用两个时期土地利用变化的转移概率矩阵 P_{ij} 预测未来的土地利用变化。模拟的每次状态转移只与前一时刻有关，具有无后效性。针对马尔科夫过程的无后效性局限，在参考初始状态转移概率的基础上，引入了情景权值矩阵 W_n。

$$P'_{ij} = \begin{bmatrix} P_{11} & P_{12} & \cdots & P_{1j} \\ P_{21} & P_{22} & \cdots & P_{2j} \\ \vdots & \vdots & \ddots & \vdots \\ P_{i1} & P_{i2} & \cdots & P_{ij} \end{bmatrix} \begin{bmatrix} W_1 & & & \\ & W_2 & & \\ & & \ddots & \\ & & & W_n \end{bmatrix} \tag{4-4}$$

$$P''_{ij} = \begin{bmatrix} \dfrac{1}{\sum_{n=1}^{j} P'_{1n}} & & & \\ & \dfrac{1}{\sum_{n=2}^{j} P'_{2n}} & & \\ & & \ddots & \\ & & & \dfrac{1}{\sum_{n=i}^{j} P'_{in}} \end{bmatrix} \tag{4-5}$$

式中：P'_{ij}——P_{ij}经W_n改变用地类型权值后的矩阵；P'_{ij}中用地类型转移概率之和不为1。

使用式（4-5）得到P''_{ij}，根据具体的W_n反映多情景土地利用变化，改进后的马尔科夫模型为：$P(n) = P(n-1)P''_{ij}$。

改进马尔科夫模型主要有两个作用：一是，模拟在不同发展导向情景下所形成的土地利用面积配比需求；二是，以不同类的土地利用目标数据作为模型中的约束条件，使模拟结果的各类用地面积配比达到平衡。

4.4.2　改进马尔科夫链MATLAB程序

改进的马尔科夫链MATLAB程序大体上与马尔科夫链MATLAB程序一致，只需在转移概率矩阵的基础上乘以情景权值，即可利用新的转移概率矩阵计算不同情景权值下的土地利用面积。

```
%%改进Markov
%%不同情景之下的Markov权值
WU=[0.8, 0, 0, 0, 0, 0; 0, 0.8, 0, 0, 0, 0; 0, 0, 1, 0, 0, 0; 0, 0, 0, 1.5, 0, 0; 0, 0, 0, 0, 0.9, 0; 0, 0, 0, 0, 0, 1];
%城镇开发
WA=[1.5, 0, 0, 0, 0, 0; 0, 0.9, 0, 0, 0, 0; 0, 0, 0.8, 0, 0, 0; 0, 0, 0, 1, 0, 0; 0, 0, 0, 0, 0.8, 0; 0, 0, 0, 0, 0, 1];
%农业生产
WE=[0.9, 0, 0, 0, 0, 0; 0, 0.8, 0, 0, 0, 0; 0, 0, 1.5, 0, 0, 0; 0, 0, 0, 1, 0, 0; 0, 0, 0, 0, 0.8, 0; 0, 0, 0, 0, 0, 1];
%生态保护
PU=Transition*WU;
PA=Transition*WA;
PE=Transition*WE;
for t=1:1:size (Transition, 2)
    WU1 (t, t)=1/sum (PU (t, : )) ;
    WA1 (t, t)=1/sum (PA (t, : )) ;
    WE1 (t, t)=1/sum (PE (t, : )) ;
end
PU1=PU*WU1;
PA1=PA*WA1;
PE1=PE*WE1;
%% 利用不同情景的转移概率矩阵计算面积
PredictedProportion11=PredictedProportion1;
PredictedProportion12=PredictedProportion1;
PredictedProportion13=PredictedProportion1;
PredictedProportion14=PredictedProportion1;
for j=1: size (PredictedProportion1, 2)
    m1=PredictedProportion11;
    m2=PredictedProportion12;
    m3=PredictedProportion13;
    m4=PredictedProportion14;
    for jj=1: size (PredictedProportion1, 2)
        PredictedProportion11 (:, jj) =m1*PU1 (:, jj) ;
        PredictedProportion12 (:, jj) =m2*PA1 (:, jj) ;
```

```
        PredictedProportion13 (:, jj) =m3*PE1 (:, jj) ;
        PredictedProportion14 (:, jj) =m4*Transition (:, jj) ;
    end
    PredictedProportionU (j, : ) = PredictedProportion11;
% 未来各种情景下各类土地利用面积占比
    PredictedProportionA (j, : ) = PredictedProportion12;
    PredictedProportionE (j, : ) = PredictedProportion13;
    PredictedProportionB (j, : ) = PredictedProportion14;
end
%% 计算未来各种情景下各类土地利用的面积
PredictedAreaU=PredictedProportionU*Landtotal;
PredictedAreaA=PredictedProportionA*Landtotal;
PredictedAreaE=PredictedProportionE*Landtotal;
PredictedAreaB=PredictedProportionB*Landtotal;
```

参考文献

［1］茹正亮，杨芝艳，朱文刚，等. 加权马尔科夫AR-GARCH-GED模型在降水量中的预测［J］. 系统工程，2013，31（12）：98-102.

［2］章晨. 基于马尔科夫链的股票价格涨跌幅的预测［J］. 商业经济，2010（11）：68-70.

［3］曹彦，何东进，洪伟，等. 加权马尔科夫链在福建省森林火灾预测中的应用研究［J］. 西南林业大学学报，2014，34（03）：62-66.

［4］于文，李静，吕小峰. 基于马尔科夫链的库存策略研究［J］. 中国制造业信息化，2009，38（13）：5-8.

［5］吴迪. 基于马尔科夫链的交通网络道路权重计算方法研究［D］. 长春：吉林大学，2011.

［6］冯振明. Google核心——PageRank算法探讨［J］. 计算机技术与发展，2006（07）：82-84.

［7］刘贤赵，张安定，李嘉竹. 地理学数学方法［M］. 北京：科学出版社，2009.

［8］刘启承，熊文强，韩贵锋. 用马尔可夫理论预测三峡库区的土地利用趋势［J］. 重庆大学学报（自然科学版），2005，28（02）：107-110.

［9］刘新卫，陈百明，史学正. 国内LUCC研究进展综述［J］. 土壤，2004，36（02）：132-135.

［10］张云鹏，孙燕，王小丽，等. 不同尺度下的土地利用变化驱动力研究——以常州市新北区为例［J］. 水土保持研究，2012，19（06）：111-116.

［11］余慧容，蒲春玲，刘志有，等. 基于TM/ETM～+绿洲城市土地利用时空演变分析——以新疆奎屯市为例［J］. 水土保持研究，2012，19（06）：147-151.

第 5 章

KNN算法——大城市核心区用地空间模拟

5.1　理论基础

5.1.1　KNN分类原理

K邻近算法（K Nearest Neighbors，KNN），意思是K个最近的邻居。其核心思想是根据训练集中的样本分类，计算测试集中的样本与训练集中所有样本的距离，根据所设定的K值，选取前K个测试样本与训练样本最近的结果，结果中大多数训练样本的类别即是该测试样本的类别。因训练样本的分类结果为已知，故KNN算法属于有监督学习算法。KNN的原理就是当预测一个新的值x的时候，根据与它距离最近的K个点是什么类别来判断x属于哪个类别。一般而言，我们只选择样本数据集中前K个最相似的数据，这就是KNN算法中K的由来。通常K是不大于20的整数。最后，选择K个最相似数据中出现次数最多的类别，以此为新数据进行分类。

通过上述讲解可知，要使KNN算法能够运行，必须确定两个因素——算法超参数K值和模型向量空间的距离度量。

1. K值的确定

K值是KNN算法中唯一一个超参数。在机器学习的上下文中，超参数是在开始学习过程之前设置值的参数，而不是通过训练得到的参数数据。通常情况下，需要对超参数进行优化，给学习机选择一组最优超参数，以提高学习的性能和效果。

如果K值比较小，相当于我们在较小的邻域内训练样本，对实例进行预测。这时，算法的近似误差会比较小，因为只有与输入实例相近的训练样本才会对预测结果起作用。但是，它也有明显的缺点——算法的估计误差比较大，且预测结果对近邻点十分敏感。也就是说，如果近邻点是噪声点的话，预测就会出错。因此，K值过小容易导致KNN的过拟合。

同理，如果K值选择较大的话，距离较远的训练样本也能够对实例预测结果产生影响；这时候，模型相对比较鲁棒（Robust），不会因为个别噪声点影响最终的预测结果。但是缺点也十分明显——算法的近邻误差会偏大，使得预测结果产生较大偏差，此时模型容易发生欠拟合。

K的取值经常通过交叉验证（将样本数据按照一定比例，拆分出训练用的数据和验证用的数据）。从选取一个较小的K值开始，不断增加K值，然后计算验证集合的方差，最终把测试集中准确率最高的数值确定为算法超参数K。

2. 距离度量

样本空间中两个点之间的距离度量表示两个样本点之间的相似程度；距离越短，表示相似程度越高；反之，相似程度越低。常见的距离度量方法包括闵可夫斯基距离、欧氏距离、曼哈顿距离、切比雪夫距离和余弦距离。

闵可夫斯基距离本身不是一种距离，而是对一类距离的定义。对于n维空间中的两个点x（$x_1, x_2, \cdots, x_n$）和y（$y_1, y_2, \cdots, y_n$），两点之间的闵可夫斯基距离可用下式表示：

$$d_{xy} = \sqrt[p]{\sum_{k=1}^{n}(x_k - y_k)^p} \tag{5-1}$$

式中：p——一个可变参数；当$p=1$时，被称为曼哈顿距离；当$p=2$时，被称为欧氏距离。

欧氏距离（L2 范数）是最易于理解的一种距离计算方法，源自欧氏空间中两点间的距离公式，也是最常用的距离度量。根据上述定义，欧氏距离的计算公式为：

$$d_{xy} = \sqrt{\sum_{k=1}^{n}(x_k - y_k)^2} \tag{5-2}$$

根据闵可夫斯基距离定义，曼哈顿距离的计算公式为：

$$d_{xy} = \sum_{k=1}^{n}|x_k - y_k| \tag{5-3}$$

3. 决策函数的选择

用于分类的多票表决法，即输入训练集为$T = \left\{ (\vec{x_1}, y_1), \cdots, (\vec{x_i}, y_i), \cdots, (\vec{x_n}, y_n) \right\}$，其中$x_i = [x_{i1}, x_{i2}, \cdots, x_{im}] \in R^m$为$m$维向量，$y_i \in \{t_1, t_2, \cdots, t_i\}$为第$i$个向量的标签。在分类任务中可使用投票法，即选择这$k$个实例中出现最多的标记类别作为预测结果，根据多票表决法，确定测试实例的标签为：

$$C_0 = \underset{x_k \in N_{k(x)}}{\mathrm{argmax}} \sum I(c, y_k), c \in N_{k(y)} \tag{5-4}$$

5.1.2　KNN 算法的核心

KNN 分类算法的思想非常简单，就是k个最近邻多数投票的思想，关键就是在给定的距离度量下，如何快速找到预测实例最近的k个邻居；一般采用直接暴力寻找的方法，因为k值一般不会特别大。当特征空间维度不高且训练样本容量较小时，暴力寻找的方法是可行的；但是当特征空间维度特别高或者样本容量较大时，计算过程就会非常耗时，这种方法就不可行了。因此，为了快速查找到k个近邻，可以使用特殊的数据结构存储训练数据，以便减少搜索次数，KD–Tree 就是其中最著名的一种（图5–1）。

KD–Tree（K–Dimensional Tree）是一种对k维空间中的实例点进行存储，以便对其进行快速检索的树形数据结构。KD–Tree 是一种二叉树，表示对k维空间的一种划

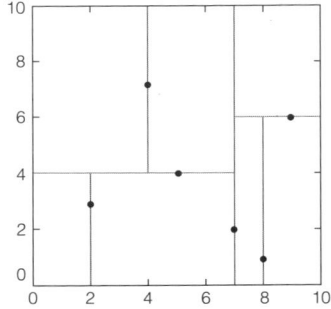

图5-1　KD-Tree的树形数据结构

分构造。KD-Tree相当于不断地利用垂直于坐标轴的超平面将k维空间进行切分，构成一系列k维超矩形区域。KD-Tree的每个节点对应于一个k维超矩形区域。利用KD-Tree可以省去对大部分数据点的搜索，从而减小搜索的计算量。

使用递归方法构造KD-Tree的具体过程：

（1）构造根节点，使根节点对应于k维空间中包含的所有点的超矩形区域。

（2）不断地对k维空间进行切分，生成子节点。首先，在包含所有节点的超矩形区域内选择一个坐标轴和在此坐标轴上的一个切分点，确定一个垂直于该坐标轴的超平面，这个超平面将当前区域划分为两个子区域（即二叉树的左右两个子节点）；其次，通过递归方法对两个子区域进行相同的划分，直到子区域内没有实例时为止（此时只有子节点）。

通常我们循环地选择坐标轴，对空间进行划分，当选定一个维度坐标时，我们选择所有训练实例在该坐标轴上的中位数作为切分点。此时，我们构造的KD-Tree是平衡二叉树，但平衡二叉树在搜索近邻时并不一定是最高效的。

5.2　案例背景

5.2.1　问题描述

1995年，由IGBP和IHDP两大国际组织共同制订的"土地利用/土地覆被变化研究计划"（LUCC）将土地利用及土地覆被变化作为全球环境变化研究的核心内容。[1]在此基础上，2005年启动的"全球土地计划"（Global Land Project，GLP），强调陆地系统中人类—环境结合系统的综合集成与模拟研究。以人类—环境结合系统为核心的土地利用及土地覆被动态过程的监测与模拟，逐渐成为研究领域关注的焦点，并成为新兴领域——土地变化科学（Land Change Science，LCS）研究的热点问题。

　　土地利用及土地覆被变化对区域生态环境产生了重要影响，并以累积的方式影响全球环境变化。[2]自经济转型以来，我国的土地利用发生了较大的变化。在空间格局上呈现出显著的区域分异特征与区域对比；包括变化过程（Process）、格局（Pattern）与驱动力（Driver）的比较，被认为是揭示全球与区域尺度土地利用覆被时空变化规律的有效方法。[3]21世纪初，随着中国社会经济的持续快速发展、产业结构的调整、工业城市化进程的加快，以及国家重大发展战略与重大工程的实施，特别是国家西部大开发、"东北复兴""中部崛起"等重大区域发展战略，使中国国土开发空间格局发生了重大调整与结构性变化。土地资源供需矛盾日益激化，土地利用变化引发的环境问题等已经极大地影响了国计民生和可持续发展战略。对未来土地利用变化规律的把握正变得越来越迫切和重要。

　　土地利用变化是自然、社会、经济、政治等诸多影响因子复合作用的结果，是区域经济活力的指示剂[4]，反映了特定时空尺度下的土地利用方式、开发强度、经济投入、政策导向等诸多因素的作用强度及其合理性。[5]为了快速准确地掌握中国2020～2025年土地利用变化的时空格局，现以成都城市核心区为例，将研究区划分为100m×100m的精细单元模块，通过在ArcGIS软件上对获取的空间数据集进行预处理，利用KNN算法建立土地利用预测模型，并对预测模型的性能进行评价。

5.2.2　解题思路及步骤

　　在建立训练集时，就要确定训练数据及其对应的类别标签；然后把待分类的测试数据与训练集数据依次进行特征比较。从训练集中挑选出最相近的k个数据，这k个数据中投票最多的分类，即为新样本的类别。为了方便读者了解算法流程，我们将其描述为如下流程框图（图5-2）。

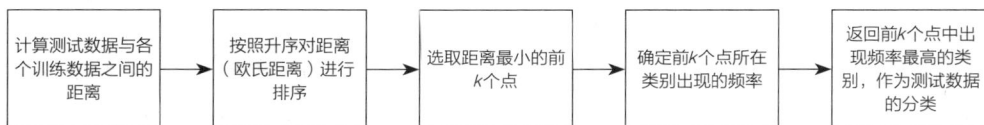

| 计算测试数据与各个训练数据之间的距离 | 按照升序对距离（欧氏距离）进行排序 | 选取距离最小的前k个点 | 确定前k个点所在类别出现的频率 | 返回前k个点中出现频率最高的类别，作为测试数据的分类 |

图5-2　模型建立的流程框图

5.3　MATLAB程序

5.3.1　清空环境变量

程序运行之前，清除工作区（Workspace）中的变量及命令行窗口（Command Window）中的命令，具体程序如下：

```
%% 清空环境变量
clear all
clc
```

5.3.2　导入txt格式的数据文件

数据文件australian.txt中存放着所有研究区的样本属性变量以及对应的土地利用标签变量，各种用地类型与标签的对应关系如表5-1所列。

用地类型与标签对应关系表　　　　　　　　　　表5-1

用地类型	城镇	草地	林地	水体	耕地	其他建设用地	农村居民点
标签	1	2	3	4	5	6	7

具体程序如下：

```
%% 加载原始数据
kk=2;
%knn中k的取值
M=load ("D: \毕业设计\数据集1\australian.txt") ;
%装载数据集
[m, n]=size (M) ;
```

5.3.3　划分训练集和测试集

研究区所有单元样本存储在M文件中。这里采用MATLAB自带的交叉验证函数crossvalind划分训练集和数据集。随机抽取90%的样本量作为训练集，剩余10%的样本作为测试集。

```
%% 数据集划分
indices=crossvalind ('Kfold', M (1: m, n) , 10) ;
%十折交叉，划分训练集和测试集
testindices= (indices==1) ;
```

```
%测试集索引
trainindices= ~ testindices;
%训练集索引
trainset=M (trainindices, : ) ;
%获取训练集
testset=M (testindices, : ) ;
%获取测试集
[testm, ~ ]=size (testset) ;
[trainm, trainn]=size (trainset) ;
```

5.3.4　构造KD-Tree

使用训练数据集构造KD-Tree，具体程序如下：

```
%% KDTree搭建
x = traindata (:, 1: 6) ;
Mdl = KDTreeSearcher (x) ;
```

5.3.5　寻找测试集的K个邻居

使用KD-Tree结构体MDI，得到n，n为样本数x邻居数的矩阵，每一行对应一个测试样本，这一行的所有元素代表最邻近的训练集样本点的索引。具体程序如下：

```
%% K个邻居
[n, ~ ] = knnsearch (Mdl,testdata (:, 1: 6) , 'k', k) ;
```

5.3.6　循环提取测试集样本的邻居

循环提取测试样本的邻居，并统计众数（mode）进行投票，得到最终的分类结果。使用validate计算最终的准确率分类。其中，mode功能用于计算最近邻点分类向量tempClass中的众数。具体程序如下：

```
%% 查找邻居样本
for i = 1: size (n, 1)
    tempClass = traindata (n (i, : ) , 7) ;
    result = mode (tempClass) ;
    resultClass (i, 1) = result;
end
validate = sum (testdata (:, 7) == resultClass ) ./ size (testdata, 1) * 100;
    else
        knnlabel (i) =1;
    end
end
```

5.3.7　对K进行优化调参

将上述过程封装为函数myKNNCLass，将K作为参数进行调参，由于需要使用众数作为结果，因此邻居数应该为奇数。具体程序如下：

```
%% 调参
for kValue = 1: 2: 15
    validate = myKNNCLass (traindata, testdata, kValue) ;
    disp (['取近邻数K = ' num2str (kValue) , '; 此时的准确率为 ' num2str (validate) '%'])
```

5.4　模拟结果空间表达

采用KNN算法对土地利用空间进行模拟，其模拟精度可达73%。由于本案例的样本由300m×300m的单元网格组成，有共计41566个样本单元，样本量偏大。为了便于直观反映模拟结果，我们将模拟数据导入GIS中进行图示分析（图5-3、图5-4）。

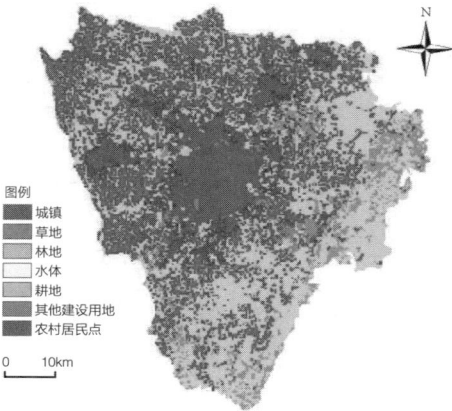

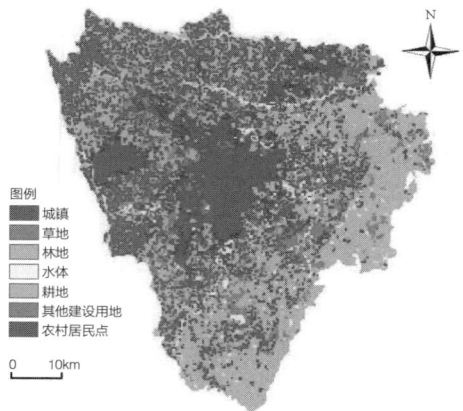

图 5-3　成都城市核心区 2020 年土地利用模拟结果　　图 5-4　成都城市核心区 2020 年实际土地利用图

5.5　延伸阅读

5.5.1　通过网格搜索寻找最佳K值

网格搜索（Grid Search）被用于选取模型的最优超参数。获取最优超参数可以采用绘制验证曲线的方法，但是验证曲线只能每次获取一个最优超参数；如果多个超参数有很多排列组合的话，则可使用网格搜索，以获取最优超参数组合。网格搜索针对超参数组合列表中的每一个组合，实例化给定的模型，作*CV*次交叉验证，将平均得分最高的超参数组合作为最佳选择，并返回模型对象。

```
%%myKNNCLass封装函数
iris2 = datasets.load_iris ()
X = iris2.data
y = iris2.target
print (X.shape, y.shape)
%导入iris数据集
parameters = {'n_neighbors': [1, 3, 5, 7, 9, 11, 13, 15]}
knn = KNeighborsClassifier ()
%设置需要搜索的K值，'n_neighbors'是sklearn中KNN的参数
clf = GridSearchCV (knn, parameters, cv=5)    #5折
clf.fit (X, y)
%通过GridSearchCV来搜索最好的K值
print ("最终最佳准确率: %.2f"%clf.best_score_, "最终的最佳K值", clf.best_params_)
%输出最好的参数以及对应的准确率
```

5.5.2　不均衡样本量对性能的影响

原始KNN算法的一个缺点是，如果给定的原始数据集中各类别的样本数量不平衡，容易导致*k*个邻居投票的时候，各个类别的参与概率不一样。换句话说，*k*个邻居中，样本数量较大的类别其所属的样本占了绝大多数。为了避免这一点，可以采用加权的KNN算法，其思想是与该样本距离小的邻居权值大。

采用高斯函数进行不同距离样本的权值优化，训练样本与测试样本的距离越远，该距离值的权值越小。给更近的邻居分配更大的权值（你离我更近，我就认为你与我更相似，就给你分配更大的权值），而较远的邻居的权值会相应衰减，并取其加权平均值。

1. 反函数

该方法最简单的形式是返回距离的倒数，比如距离为*d*，权值即为1/*d*。有时候，完全一样或非常接近的样本的权值会很大，甚至无穷大。基于这样的原因，在对距离求倒数时，应在距离上加一个常量（const）。

$$weight = \frac{1}{distance + const} \tag{5-5}$$

这种方法的潜在问题是，它为近邻分配很大的权值，稍远一点的会衰减得很快。虽然这种情况是我们所希望的，但有时候也会使算法变得对噪声数据更加敏感。

2. 高斯函数

高斯函数比较复杂，但它克服了前述函数的缺点，其表达式如下：

$$f(x) = ae^{-\frac{(x-b)^2}{2c^2}}$$ （5-6）

其中，a，b，$c \in R$。

高斯函数在距离为0的时候权值为1；随着距离增大，权值减少，但不会变为0。其他函数在距离增大到一定程度时，权值都会跌至0或0以下。

5.5.3 案例延伸

KNN算法原理简单、容易实现，但它是一种没有优化（因为分类决策为多数投票）的暴力方法（线性搜索方法）；所以，当数据量较大时，算法效率容易达到瓶颈。例如，样本个数为N，特征维数为D时，该算法的时间复杂度为$O(D \times N)$。所以，通常情况下，KNN的实现会把训练数据建成KD-Tree，构建过程很快，甚至不用计算D为欧氏距离，且搜索速度高达$O[D \times \log_2(N)]$。但是建立KD-Tree搜索方法也有一个缺点，即当D维度过高时，会产生所谓的"维度灾难"，最终的效率会降低到与暴力方法一样。KD-Tree更适用于训练实例数远大于空间维数时的K近邻搜索；当空间维数接近于训练实例数的时候，它的效率会迅速下降，几乎等同于线性扫描。当维度$D>20$时，最好使用效率更高的Ball-Tree，其时间复杂度仍为$O[D \times \log_2(N)]$。人们经过长期实践发现，KNN算法适用于样本分类边界不规则的情况。由于KNN主要依靠周围有限的邻近样本，而不是靠判别类域的方法来确定所属类别，因此对于类域的交叉或重叠较多的待分样本集来说，KNN算法比其他方法更为有效。

该算法在分类时的主要不足是：当样本不平衡时，即当一个类的样本容量很大，而其他类样本容量很小时，有可能导致当输入一个新样本时，该样本的K个邻居中大容量类的样本占多数。可以采用权值的方法（即与该样本距离小的邻居取值大）来改进。该方法的另一个不足之处是计算量比较大，因为对每一个待分类的样本都要计算它到全部已知样本的距离（当然，正如前文所述，KD-Tree的优化算法可以避免这种情况的发生），才能求得它的K个最近邻。目前，常用的解决方法是事先对已知样本点进行剪辑，去除对分类作用不大的样本。该算法适用于对样本容量较大的类域的自动分类，而当样本容量较小的类域采用这种方法时，比较容易产生误分。

参考文献

［1］NUNES C，AUGE J I. Land-use and land-cover change（LUCC）：implementation strategy［R］. IGBP Report No.48/IHDP Report No.10. Stockholm：IGBP/IHDP，1999.

［2］FOLEY J A，DEFRIES R，ASNER G P，et al. Global consequences of land use［J］.

Science，2005，309（5734）：570-574.

［3］TURNER Ⅱ B L，MOSS R H，SKOLE D L. Relating land use and global land-cover change：a proposal for an IGBP HDP core project［R］. Global change report No.24. Stockholm：IGBP，1993.

［4］袁磊，杨昆. 土地利用变化驱动力多尺度因素的定量影响分析［J］. 中国土地科学，2016，30（12）：63-70.

［5］刘纪远，张增祥，徐新良，等. 21世纪初中国土地利用变化的空间格局与驱动力分析［J］. 地理学报，2009，64（12）：1411-1420.

第 6 章

支持向量机的分类——
城市增长边界模拟

支持向量机（Support Vector Machine，SVM）是一种新的机器学习方法，其基础是瓦普尼克（V. N. Vapnik）创建的统计学习理论（Statistical Learning Theory，SLT）。统计学习理论采用结构风险最小化（Structural Risk Minimization，SRM）原理，在最小化样本点误差的同时，最小化结构风险，提高了模型的泛化能力，且没有数据维数的限制。在进行线性分类时，将分类面取在离两类样本距离较大的地方；进行非线性分类时，通过高维空间变换，将非线性分类问题变成高维空间的线性分类问题。本章将详细介绍支持向量机的分类原理，并将其应用于对城市增长边界的模拟及评价。

6.1 理论基础

6.1.1 支持向量机分类原理

1. 线性可分SVM

支持向量机最初是为研究线性可分问题而提出的。这里先介绍线性SVM的基本思想及原理。

假设大小为l的训练样本集$\{(x_i, y_i), i=1, 2, \cdots, l\}$由两个类别组成，若$x_i$属于第一类，则记$y_i=1$；若$x_i$属于第二类，则记$y_i=-1$。

若存在分类超平面，则：

$$wx + b = 0 \tag{6-1}$$

能够将样本正确地划分成两类，即相同类别的样本都落在分类超平面的同一侧，此时称该样本集是线性可分的，即满足：

$$\begin{cases} wx_i + b \geq 1, y_i = 1 \\ wx_i + b \leq 1, y_i = -1 \end{cases}, i = 1, 2, \cdots, l \tag{6-2}$$

定义样本点x_i到式（6-1）所指的分类超平面的间隔为：

$$\epsilon_i = y_i(wx_i + b) = |wx_i + b| \tag{6-3}$$

将式（6-3）中的w和b进行归一化，即用$\dfrac{w}{\|w\|}$和$\dfrac{b}{\|w\|}$分别代替原来的w和b，并将归一化后的间隔定义为几何间隔：

$$\delta_i = \frac{wx_i + b}{\|w\|} \tag{6-4}$$

同时，定义一个样本集到分类超平面的距离为此集合中与分类超平面最近的样本点的几何间隔，即：

$$\delta = \min \delta_i, \ i = 1, \ 2, \ \cdots, \ l \qquad (6\text{-}5)$$

样本的误分次数 N 与样本集到分类超平面的距离 δ 间的关系为：

$$N \leqslant \left(\frac{2R}{\delta} \right)^2 \qquad (6\text{-}6)$$

其中，$R = \max \| x_i \|$，$i = 1, \ 2, \ \cdots, \ l$；为样本集中向量长度最长的值。

由式（6-6）可知，误分次数 N 的上界由样本集到分类超平面的距离 δ 决定，即 δ 越大，N 越小。因此，需要在满足式（6-2）的无数个分类超平面中选择一个最优分类超平面，使得样本集到分类超平面的距离 δ 最大（图6-1）。

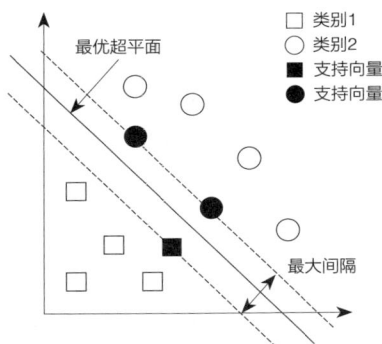

图6-1　最优超平面示意图

若间隔 $\epsilon = \left| wx_i + b \right| = 1$，则两类样本点间的距离为 $2\dfrac{wx_i + b}{\| w \|} = \dfrac{2}{\| w \|}$。因此，如图 6-1所示，需要在满足式（6-2）的前提下寻求最优分类超平面，使得 $\dfrac{2}{\| w \|}$ 最大，即最小化 $\left(\dfrac{\| w \|}{2} \right)^2$。用数学语言描述，即：

$$\begin{cases} \min \dfrac{\| w \|^2}{2} \\ s.t. \ y_i \left(wx_i + b \right) \geqslant 1, \ i = 1, \ 2, \ \cdots, \ l \end{cases} \qquad (6\text{-}7)$$

该问题可以通过求解拉格朗日函数（Lagrangian Function）的鞍点得到，即：

$$\Phi \left(w, \ b, \ \alpha_i \right) = \frac{1}{2} \| w \|^2 - \sum_{i=1}^{l} \alpha_i \left[y_j \left(wx_i + b \right) - 1 \right] \qquad (6\text{-}8)$$

其中，$\alpha_i > 0$，$i = 1, \ 2, \ \cdots, \ l$；为拉格朗日乘子（Lagrange Multiplier）。

由于计算机的复杂性，一般不直接求解，而是依据拉格朗日对偶理论将式（6-8）转化为对偶问题，即：

$$\begin{cases} \max Q(\alpha) = \sum_{i=1}^{l} \alpha_i - \frac{1}{2} \sum_{i=1}^{l} \sum_{j=1}^{l} \alpha_i \alpha_j y_i y_j \left(x_i x_j \right) \\ s.t. \sum_{i=1}^{l} \alpha_i y_i = 1, \ \alpha_i \geqslant 0 \end{cases} \quad （6-9）$$

这个问题可以用二次规划方法求解，设求解得到的最优解为 $\alpha^* = \left[\alpha_1^*, \alpha_2^*, \cdots, \alpha_i^* \right]^T$，则可以得到最优的 w^* 和 b^* 为：

$$\begin{cases} w^* = \sum_{i=1}^{l} \alpha_i^* x_i y_i \\ b^* = -\frac{1}{2} w^* \left(x_r + x_s \right) \end{cases} \quad （6-10）$$

式中：x_r、x_s——两个类别中任意的一对支持向量。

最终得到的最优分类函数是：

$$f(x) = \text{sgn} \left[\sum_{i=1}^{l} \alpha_i^* y_i \left(x x_i \right) + b^* \right] \quad （6-11）$$

值得一提的是，若数据集中的绝大多数样本是线性可分的，仅有少数几个样本（可能是异常点）导致寻找不到最优分类超平面。针对此类情况，通常的做法是引入松弛变量，并对式（6-7）中的优化目标及约束项进行修正，即：

$$\begin{cases} \min \frac{\|w\|^2}{2} + C \sum_{i=1}^{l} \varepsilon_i \\ s.t. \begin{cases} y_i \left(w x_i + b \right) \geqslant 1 - \varepsilon_i \\ \varepsilon_i > 0 \end{cases}, i = 1, 2, \cdots, l \end{cases} \quad （6-12）$$

其中，C 为惩罚因子，起着控制错分样本惩罚程度的作用，从而在错分样本的比例与算法复杂度之间取得平衡。求解方式与式（6-8）相同，即转化为对偶问题，只是约束条件变为：

$$\begin{cases} \sum_{i=1}^{l} \alpha_i y_i \\ 0 \leqslant \alpha_i \leqslant C \end{cases}, i = 1, 2, \cdots, l \quad （6-13）$$

最终求得的分类函数的形式与式（6-11）相同。

2. 线性不可分SVM

在实际应用中，绝大多数问题都是非线性的，线性可分SVM对此类问题是无能为力的。对于此类线性不可分问题，常用的方法是通过非线性映射 Φ；$Rd{\rightarrow}H$，将原输入空间的样本映射到高维特征空间 H 中，再在 H 中构造最优分类超平面（图6-2）。此外，与线性可分SVM相同，考虑到通过非线性映射到高维特征空间后，仍会有因少量样本造成的线性不可分情况，亦可引入松弛变量。

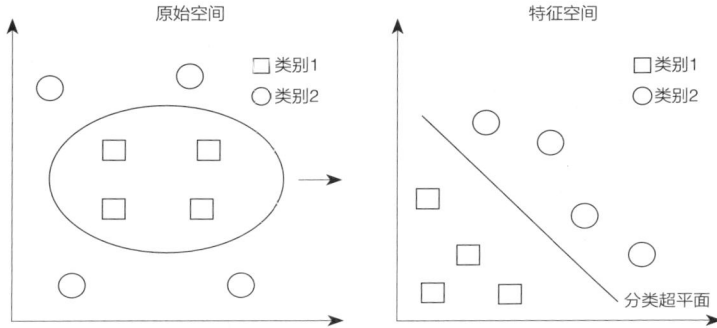

图6-2　原始空间向高维特征空间映射

如式（6-9）所示，在求解对偶问题时，需计算样本点向量的点积。同理，当通过非线性映射到高维特征空间时，也需要在高维特征空间中计算点积，从而导致计算量增加。瓦普尼克等人提出采用Mercer条件的核函数 $K\left(x_i, x_j\right)$ 来代替点积运算，即：

$$K\left(x_i, x_j\right) = \Phi\left(x_i\right)\Phi\left(x_j\right) \tag{6-14}$$

在高维特征空间中寻求最优分类超平面的过程及方法与线性可分SVM情况类似，只是以核函数取代了高维特征空间中的点积，从而大大减少了计算量与复杂度。映射到高维特征空间后对应的对偶问题变为：

$$\begin{cases} \max Q(\alpha) = \sum_{i=1}^{l} \alpha_i - \dfrac{1}{2}\sum_{l=1}^{l}\sum_{j=1}^{l} \alpha_i \alpha_j y_i y_j K\left(x_i, x_j\right) \\ s.t. \begin{cases} \sum_{i}^{l} \alpha_i y_i = 0 \\ 0 \leqslant \alpha_i \leqslant C \end{cases}, i = 1, 2, \cdots, l \end{cases} \tag{6-15}$$

设 $\alpha^* = \left(\alpha_1^*, \alpha_2^*, \cdots, \alpha_i^*\right)$，$T$ 是式（6-15）的解，则：

$$w^* = \sum_{i=1}^{l} \alpha_i^* y_i \Phi\left(x_i\right) \tag{6-16}$$

从而最终的最优分类函数为：

$$f(x) = \text{sgn}\left(w^* \varPhi(x) + b^*\right) = \text{sgn}\left(\sum_{i=1}^{l} \alpha_i^* y_i \varPhi(x_i) \varPhi(x) + b^*\right)$$

（6-17）

$$= \text{sgn}\left(\sum_{i=1}^{l} \alpha_i^* y_i K(x_i, x) + b^*\right)$$

容易证明，解中将只有一部分（通常是少部分）不为零，与非零部分对应的样本 x_i 就是支持向量，决策边界仅由支持向量确定。

由式（6-15）也可以看出，支持向量机的结构与神经网络的结构较为相似，如图6-3所示。输出的是中间节点的线性组合，每个中间节点对应一个支持向量。

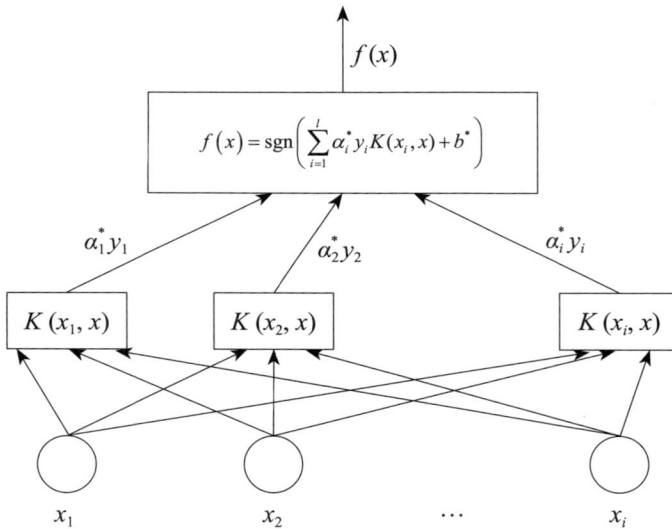

图6-3　支持向量机的结构

常用的核函数如下：

（1）线性核函数：$K(x, x_i) = x x_i$；

（2）d 阶多项式核函数：$K(x, x_i) = (x x_i + 1)^d$；

（3）径向基核函数：$K(x, x_i) = \exp\left(-\dfrac{\| x - x_i \|^2}{2\sigma^2}\right)$；

（4）具有参数 k 和 θ 的 Sigmoid 核函数：$K(x, x_i) = \tanh(k(x, x_i) + \theta_0)$。

3. 多分类SVM

由线性可分SVM和线性不可分SVM的原理可知，支持向量机仅限于处理二分类问题；对于多分类问题，需作进一步改进。目前，构造多分类SVM的方法主要有直接法和间接法：直接法通过修改待求解的优化问题，直接计算出用于多分类的分类函数，该方法计算量较大，求解过程复杂，花费时间较长且实现起来比较困难；间接法主要是通过组合多个二分类SVM来实现多分类SVM的构建，常见的方法有一对一和一对多两种。

（1）一对一

一对一在K类训练样本中构造所有可能的二分类SVM，即将每类样本与其他类别的样本分别构成二分类问题，共构造$\dfrac{K(K-1)}{2}$个二分类SVM。测试样本经过所有的二分类SVM进行分类，然后对所有类别进行投票，得票最多的类别（最占优势的类别）即为测试样本所属的类别。

（2）一对多

一对多由K个二分类SVM组成，第i（$i=1, 2, \cdots, K$）个二分类SVM将第i类训练样本的类别标记为+1，而将其余所有训练样本的类别标记为−1。测试样本经过所有的二分类SVM进行分类，然后根据预测得到的类别标号判断是否属于第i（$i=1, 2, \cdots, K$）个类别。

6.1.2　libsvm软件包简介

libsvm工具箱是台湾大学林智仁（Lin Chih-Jen）等人开发的一套易于使用且快速有效的SVM模式识别与回归软件包，该软件包利用收敛性证明的成果改进算法，取得了很好的结果。

libsvm共实现了5个类型的SVM，即：C-SVC、nu-SVC、One Class-SVM、epsilon-SVR和nu-SVR。libsvm软件包中主要函数的调用格式及注意事项如下：

1. SVM训练函数svmtrain

函数svmtrain用于创建一个SVM模型，其调用格式为：model=svmtrain（train_label, train_ matrix, 'libsvm_ options'）。

其中，train_label为训练集样本对应的类别标签；train_matrix为训练集样本的输入矩阵；libsvm_options为SVM模型的参数及其取值（具体的参数、意义及其取值可参考libsvm软件包的参数说明文档，此处不再赘述）；model为训练好的SVM模型。

值得一提的是，与BP神经网络及RBF神经网络不同，train_label及train_matrix为列向量（矩阵），每行对应一个训练样本。

2. SVM预测函数svmpredict

函数svmpredict用于利用已建立的SVM模型进行仿真预测，其调用格式为：［predict_label, accuracy］=svmpredict（test_label, test_matrix, model）。其中，test_label

为测试集样本对应的类别标签；test_matrix为测试集样本的输入矩阵；model为利用函数svmtrain训练好的SVM模型；predict_label为预测得到的测试集样本的类别标签；accuracy为测试集的分类正确率。

需要说明的是，若测试集样本对应的类别标签test_label未知，为了符合函数svmpredict调用格式的要求，随机填写即可。在这种情况下，accuracy便没有具体的意义了，只需关注预测得到的测试集样本的类别标签predict_label即可。

6.2　案例背景

6.2.1　问题描述

对于城市而言，城市增长边界是防止城市无序蔓延，优化土地结构，确保主体功能区战略得以落实的有效手段。[1]如何有效划定城市增长边界，既是权衡经济发展与自然之间的关系是否协调的重要工具，也是统筹考虑"人与自然和谐共生"问题的重要保障。

在国外，城市增长边界的划定方法最早来源于田园城市理论，通过限定人口规模，采用绿化隔离带来限制城市的无序发展。[2]美国塞勒姆市（Salem）基于城市与农村用地管理之间的冲突，划定了世界上第一条城市增长边界。[3]到20世纪末，国外对城市增长边界的认识不断加深。认为城市建设用地应被限制在某个特定的区域，以避免城市的无序扩张，从而提出了紧凑城市、城市精明增长等理论。而国内自2006年4月1日起施行的《城市规划编制办法》（中华人民共和国建设部令第146号）首次提出划定城市增长边界以来，大批学者开展了相关研究。国内城市增长边界的划定思路可大体分为如下两类：

（1）规模测算法。根据人口、GDP等数据，采用逻辑回归和系统动力学等模型，推算城市扩张预期土地规模，并模拟土地利用变化，综合划定城市增长边界。[4,5]

（2）底线思维开发。从区域可持续发展理念出发，通过分析资源、环境、生态等相关要素，确定城市发展不可侵占的界线，基于"反规划"理念推演出城市的刚性增长边界，并利用模型预测未来建设用地空间分布的弹性边界。[6-8]

现以成都城市核心区为例，将研究区划分为100m×100m的精细单元模块。通过在ArcGIS软件上对所获取的空间数据集进行预处理（表6-1），要求利用支持向量机建立城市增长边界的预测模型，并对预测模型的性能进行评价。

空间数据集　　　　　　　　　　　　　　　　表6-1

指标维度	指标分类	数据预处理与用途
地理条件	地质灾害点	核密度分析
	数字高程模型（DEM）	坡度、坡向分析
生态环境	生态环境质量	值提取至点，提取样本单元的生态环境质量条件
	生物多样性	
	植被净初级生产力（NPP）	
	农田潜力	
	土壤侵蚀	
	土壤质量	
	水质条件	
	归一化植被指数（NDVI）	
气候条件	气温	值提取至点，提取样本单元的气候变化
	降水	
建成环境	兴趣点（POI）	核密度分析，提取城市发展建设条件
	夜间灯光	值提取至点，提取样本单元的经济发展程度
	人口密度	
	国内生产总值（GDP）	
	距离因子（河流、市/镇中心、各级道路）	近邻分析，提取样本单元的区位优势条件
	道路整合度	空间句法，提取样本单元的道路通达度

6.2.2　解题思路及步骤

依据问题描述中的要求，利用SVM建立城市扩张边界预测模型，并对模型的性能进行评价，模型建立步骤如图6-4所示。

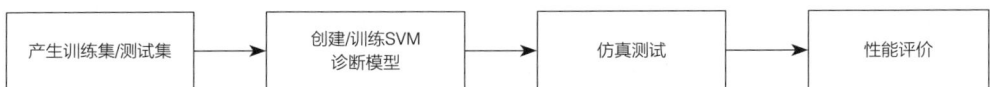

图6-4　模型建立步骤

1．产生训练集/测试集

与前面几章类似，要求所产生的训练集样本数不宜太少，且应具有代表性。同时，由于libsvm软件包对所输入的数据有格式上的要求，需要转换产生的训练集和测试集，输入矩阵和类别标签，以满足函数svmtrain和svmpredict调用格式的要求。

2．创建/训练SVM诊断模型

利用函数svmtrain可以很方便地创建/训练一个SVM模型。值得一提的是，在模型创建之前，还应根据需要对数据进行归一化。同时，由于不同的核函数类型及参数对模型的泛化能力影响较大，故需要确定核函数类型并选择较好的参数。一般选用RBF核函数，并采用交叉验证的方法选择较好的模型参数。

3．仿真测试

当SVM诊断模型被训练好后，输入测试集的类别标签并将其输入矩阵函数svmpredict，便可得到对应的预测类别标签及正确率。

4．性能评价

依据函数svmpredict返回的正确率，可以对所建立的模型性能进行评价。若模型性能不理想，可以从训练集的选择、核函数的选择以及模型参数的取值三个方面进行调整，并在此基础上重新建立模型，直到模型的性能达到要求为止。

6.3 MATLAB程序

6.3.1 清空环境变量

程序运行之前，清除工作区（Workspace）中的变量及命令行窗口（Command Window）中的命令，具体程序如下：

```
%% 清空环境变量
clear all
clc
```

6.3.2 导入shp格式的数据文件

数据文件All_data.shp中存放着所有研究区的样本属性变量以及对应的用地标签变量，各种用地类型与标签的对应关系如表6-2所列。

表6-2

用地类型与标签对应关系表

用地类型	城市用地	非城市用地
标签	1	2

具体程序如下：

```
%%% 清空环境变量导入数据
info = shapeinfo ('All_data.shp') ;
%读取shp文件信息投影或地理信息
S = shaperead ('All_data.shp') ;
% 读取shp文件
mapshow (S) ;
% 画图显示研究区
s1=rmfield (S, 'Geometry') ;
s1=rmfield (s1, 'BoundingBox') ;
%删除掉结构体元素
s2 = struct2cell (s1) ;
%将结构体转成元胞数组，生成矩阵运算
```

6.3.3　产生训练集/测试集

提取所有研究区单元的属性矩阵变量matrix和对应的标签变量label。这里采用等比例缩放抽样，调用自己编写的"group_k_fold_title.m"函数包，按各样本类别在原始数据集中的比例，随机抽取80%的样本量作为训练集，剩余20%的样本作为测试集。具体程序如下：

```
%%%数据集划分
data=s2 ([4, 6, 8, 10, 12, 14, 16, 18, 20, 22, 24], : ) ;
%提取所有数据样本属性变量所在位置
data_table=s2 (36, : ) ;
%提取所有数据样本标签变量所在位置
X = cell2mat (data) ;
Y = cell2mat (data_table) ;
shuffle = randperm (size (X, 2)) ;
Y = Y (:, shuffle) ';
%随机打乱数据集排列顺序
k=2;
%设置抽样比例2∶8
[Xtrain, Ytrain, Xtest, Ytest, num_classes, idx_train, idx_test, shuffle_grop] = group_k_fold (X, Y, 1) ;
% 数据集划分后返回样本坐标序列号 (调用"group_k_fold_title.m"函数包)
idx = shuffle (:, shuffle_grop) ;
void = cell2mat (s2 (40, : )) ';
```

```
%提取样本点坐标序列号所在位置
xtrain_title = void (idx (idx_train) , 1) ;
xtest_title = void (idx (idx_test) , 1) ;
xtrain = [Xtrain xtrain_title];
%输出训练集坐标序列号
xtest = [Xtest xtest_title];
%输出测试集坐标序列号
train_matrix=xtrain ([3: 22, 60, 25, 30, 33: 35, 38: 39, 42, 44, 46, 48, 50, 59, 53, 55, 57], :) ;
%提取训练集的各样本驱动因素
train_label =xtrain (36, :) ;
%提取训练集的各样本类别标签
test_matrix =ss2 ([3: 22, 60, 26, 31, 34: 36, 38: 39, 42, 44, 46, 48, 50, 59, 53, 55, 57], :) ;
%提取测试集的各样本驱动因素
test_label =ss2 (37, :) ;
%提取测试集的各样本类别标签
H1_train_matrix=cell2mat (train_matrix ) ;
H2_test_matrix =cell2mat (test_matrix ) ;
H1_train_lable=cell2mat (train_label ) ;
H2_test_lable =cell2mat (test_label) ;
%元胞数组转换为矩阵
```

6.3.4 数据归一化

由于多个输入属性的取值不属于同一个数量级，输入变量差异较大；因此，在建立模型之前，先对输入矩阵进行归一化。具体程序如下：

```
%%数据归一化
[xtrain, PS] = mapminmax (H1_train_matrix) ;
xtest = mapminmax (H2_test_matrix, 'apply', PS) ;
xtrain=xtrain';
xtest=xtest';
ytrain =H1_train_lable';
ytest=H2_test_lable';
Ytrain=H1_train_lable';
Ytest=H2_test_lable';
```

6.3.5 创建/训练SVM（RBF核函数）

如前文所述，在创建/训练SVM时，应考虑核函数及相关参数对模型性能的影响。这里采用默认的RBF核函数。首先，利用交叉验证的方法寻找最佳的参数c（惩罚因子）和参数g（RBF核函数中的方差）；其次，利用最佳的参数训练模型。值得一提的是，当模型性能相同时，为了减少计算时间，优先选择惩罚因子c比较小的参数组合；因为，惩罚因子c越大，最终得到的支持向量数越多，计算量也就越大。具体程序如下：

```
%%SVM创建/训练 (RBF核函数)
%寻找最佳c/g参数——交叉验证方法
[c,g] = meshgrid (–10: 0.2: 10, –10: 0.2: 10) ;
[m,n] = size (c) ;
cg = zeros (m, n) ;
eps = 10^ (–4) ;
v = 5;
%5折交叉验证
bestc = 1;
bestg = 0.1;
bestacc = 0;
for i = 1: m
    for j = 1: n
        cmd = ['–v ', num2str (v) , ' –t 2', ' –c ', num2str (2^c (i, j)) , ' –g ', num2str (2^g (i, j)) ];
        cg (i, j) = svmtrain (train_label,Train_matrix, cmd) ;
        if cg (i, j) > bestacc
            bestacc = cg (i, j) ;
            bestc = 2^c (i, j) ;
            bestg = 2^g (i, j) ;
            end
            if abs ( cg (i, j) –bestacc ) <=eps && bestc > 2^c (i, j)
                bestacc = cg (i, j) ;
                bestc = 2^c (i, j) ;
                bestg = 2^g (i, j) ;
            end
        end
end
cmd = [' –t 2', ' –c ', num2str (bestc) , ' –g ', num2str (bestg) ];
%输出最优的–c; –g参数值
model = svmtrain (train_label,Train_matrix, cmd) ;
% 创建/训练SVM模型
```

6.3.6　SVM仿真测试

SVM模型训练完成后，利用函数svmpredict便可以进行仿真测试，具体程序如下：

```
%%SVM仿真测试
[predict_label_1, accuracy_1] = svmpredict (train_label, Train_matrix, model) ;
%训练集准确率
[predict_label_2, accuracy_2, Scores_2] = svmpredict (test_label,Test_matrix, model) ;
%测试集准确率
result_1 = [train_label predict_label_1 cell2mat (b1 (3, 1: 41566)) ' ];
%输出训练集预测结果以及对应数据样本的坐标序列号
result_2 = [test_label predict_label_2 cell2mat (bb1 (3, 1: 41566)) ' ];
%输出测试集预测结果以及对应数据样本的坐标序列号
```

说明：

（1）predict_label_1为训练集的预测类别标签；accuracy_1为训练集的预测准确率；cell2mat(b1(3，1：41566))'为训练集的样本坐标序列号；result_1为训练集的预测结果对比（第1列为真实值，第2列为预测值，第3列为样本坐标号）。

（2）predict_label_2为测试集的预测类别标签；accuracy_2为测试集的预测准确率；cell2mat(bb1(3，1：41566))'为测试集的样本坐标序列号；result_2为测试集的预测结果对比（第1列为真实值，第2列为预测值，第3列为样本坐标号）。

6.3.7　绘图

为了直观地观察、分析结果，这里以图形的形式给出最终的测试集预测结果。具体程序如下：

```
%%绘图
Figure
Plot (1: length (test_table) , test_lable, 'r-* ')
hold on
Plot (1: length (test_table) , predict_lable_2, 'b: o ')
grid on
legend ( '真实类别', '预测类别')
Xlable ( '测试集样本编号')
ylable ( '测试集样本类别')
String={ '测试集SVM预测结果对比 (RBF核函数) '}
        [ 'accuracy= 'num2strr (accuracy_2 (1)) '% '];
title (string)
```

6.4　模拟结果空间表达

通过SVM算法对土地利用空间进行模拟，其模拟精度可达87.31%。由于本案例的样本由300m×300m的单元网格组成，有共计41566个样本单元，样本量偏大。为了便于直观反映模拟结果，我们将模拟数据导入GIS进行图示分析。图6-5为成都城市核心区2020年城市增长边界模拟结果，图6-6为2020年该市核心区的实际城市边界。

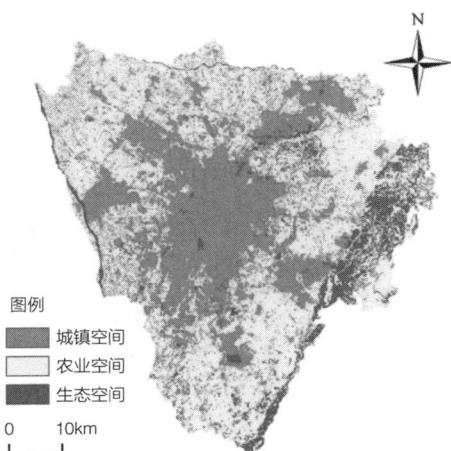

图 6-5　成都城市核心区 2020 年城市增长边界
模拟结果

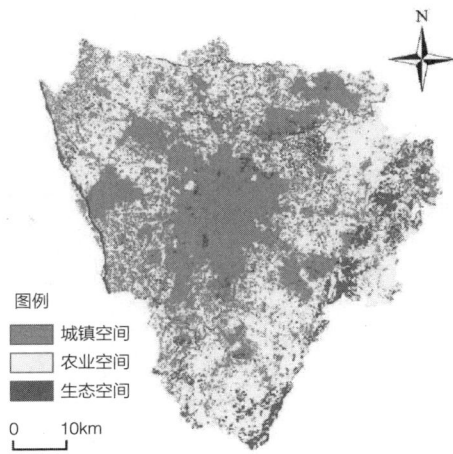

图 6-6　成都城市核心区 2020 年实际城市边界图

6.5　延伸阅读

6.5.1　分层抽样

分层抽样是指在抽样时，将总体分成互不相交的层，然后按照一定的比例，从各层独立地抽取出一定数量的个体，将各层取出的个体合在一起作为样本的方法。有按比例分配和最优分配两种方案，后一种方式的样本代表性好，抽样误差较低。随机分层抽样函数包需要自己编写，将程序代码封装在"group_k_fold_title.m"函数包中，具体程序如下。

```
%%随机分层抽样
unction [Xtrain, Ytrain, Xtest, Ytest, class, idx, idx1, shuffle] = group_k_fold (x, y, k)
% 每种用地在所有样本中的占比，抽样时也按等比例抽取训练集或测试集
if k>9 && k<1
    disp ("error: k–fold –> k in [1–9] ")
    return
end
if length (x)  ~ = length (y)
    disp ("error: keep len (x) = len (y) and x –> (n * m) , y –> (n * 1) ")
    return
end
shuffle = randperm (length (y)) ;
x = x (shuffle, : ) ;
y = y (shuffle, : ) ;
k = k/10;
```

```
label = unique (y) ;
class = 0;
for i = 1: length (label)
      class (i) = length (find (y==label (i)) ) ;
end
class_train = floor (class * k) ;
index = 1;
for i = 1: length (label)
    tmp = find (y==label (i)) ;
    idx (index: index+class_train (i) −1, 1) = tmp (1: class_train (i)) ;
    if i<length (label)
        index = index+class_train (i) −1;
    else
        break
    end
end
idx = sort (idx) ;
idx1 = setdiff ([1: length (y) ]', idx) ;
Ytrain = y (idx, : ) ;
Xtrain = x (idx, : ) ;
Ytest = y (idx1, : ) ;
Xtest = x (idx1, : ) ;
num_classes = class;
disp ("group k−fold set")
disp ("divide set by "+ string (k*10) + "&" + string (10−k*10))
end
```

6.5.2　归一化对模型性能的影响

为了评价归一化对模型性能的影响，这里尝试不对输入矩阵进行归一化。测试集的预测结果相比于归一化的情况，未归一化测试集的预测准确率要低很多，仅为23.08%。然而，需要说明的是，归一化并非一个不可或缺的处理步骤，针对具体问题应具体分析，决定是否需要进行归一化。

6.5.3　核函数对模型性能的影响

保证其他模型参数不变，仅修改核函数的类型，选择不同核函数时，训练集和测试集的预测准确率如表6-3所示。从表中可以清晰地看到，线性核函数和Sigmoid核函数所对应的预测准确率较低，而RBF核函数和多项式核函数所对应的训练集预测准确率相当。但从模型泛化能力的角度考虑，即同时衡量测试集的预测准确率，则RBF核函数所对应的模型性能最佳。因此，如前文所述，一般采用默认设置的RBF核函数进行建模；但对于核函数的选择，还得根据不同的研究问题进行调试，找出泛化能力最好的核函数。

模型训练测试精度表　　　　　　表6-3

核函数类型		线性	多项式	RBF	Sigmoid
预测准确率	训练集	71.00%	90.25%	92.75%	75.25%
	测试集	66.54%	85.46%	87.31%	70.08%

6.5.4　案例延伸

近年来，越来越多的专家、学者致力于SVM方面的研究，并取得了较大的进展。针对目前的SVM训练算法复杂度较大、计算时间较长等问题，不少学者提出了新的训练算法。一些专家尝试寻找更简单、有效的核函数，以简化运算，提升SVM的性能。同时，为了解决模型参数大多依靠经验选取和大范围网格搜索耗时较长等问题，不少学者引入了遗传算法、粒子群算法等优化算法，从而自动寻找最佳的模型参数，使得模型的性能达到最优。

参考文献

［1］程永辉，刘科伟，赵丹，等.“多规合一”下城市开发边界划定的若干问题探讨［J］. 城市发展研究，2015，22（07）：52-57.

［2］刘海龙. 从无序蔓延到精明增长——美国“城市增长边界”概念述评［J］. 城市问题，2005（03）：67-72.

［3］冯科，吴次芳，韦仕川，等. 城市增长边界的理论探讨与应用［J］. 经济地理，2008，28（03）：425-429.

［4］龙瀛，韩昊英，毛其智. 利用约束性CA制定城市增长边界［J］. 地理学报，2009，64（08）：999-1008.

［5］付玲，胡业翠，郑新奇. 基于BP神经网络的城市增长边界预测——以北京市为例［J］. 中国土地科学，2016，30（02）：22-30.

［6］祝仲文，莫滨，谢芙蓉. 基于土地生态适宜性评价的城市空间增长边界划定——以防城港市为例［J］. 规划师，2009，25（11）：40-44.

［7］王玉国，尹小玲，李贵才. 基于土地生态适宜性评价的城市空间增长边界划定——以深汕特别合作区为例［J］. 城市发展研究，2012，19（11）：76-82.

［8］周锐，王新军，苏海龙，等. 基于生态安全格局的城市增长边界划定——以平顶山新区为例［J］. 城市规划学刊，2014（04）：57-63.

第 7 章

随机森林算法——
城市用地空间精细化模拟

7.1　理论基础

决策树方法最早产生于20世纪60年代，它是一种有监督的学习算法，是以决策树为基学习器的集成学习（Ensemble Learning）算法。随机森林非常简单，易于实现，计算开销也很小，在分类和回归方面表现出非常惊人的性能；因此，随机森林被誉为"代表集成学习技术水平的方法"。决策树的典型算法有ID3算法、C4.5算法、CART算法等。ID3算法由J. Ross Quinlan提出，此算法的目的在于减少树的分枝和深度，但是忽略了对叶子数目的研究；C4.5算法在ID3算法的基础上进行了改进，对于预测变量的缺值处理、剪枝技术、派生规则等方面作了较大的改进，既适合于分类问题，又适合于回归问题；CART决策树使用"基尼指数"来选择划分属性，数据集的纯度可用基尼值来度量。

7.1.1　决策树分类原理

决策树是一种效率较高的典型分类算法，它通过无限逼近离散函数的方法，对数据进行处理后，利用归纳算法生成可读性较强的规则与决策树，并对结果数据进行分析。决策树的本质是通过一系列规则对数据进行分类的过程。它通过构造决策树来发现数据中所蕴含的分类规则。如何构造精度高、规模小的决策树是决策树算法的核心内容。[1]决策树的构造可以分两步进行：第一步，决策树的生成，即由训练样本集生成决策树的过程；一般情况下，训练样本数据集是根据实际需要、有历史的、有一定综合程度的、用于数据分析处理的数据集。第二步，决策树的剪枝，即对上一阶段生成的决策树进行检验、校准和修改的过程；主要是用新的样本数据集（也称测试数据集）中的数据校验决策树生成过程中产生的初步规则，并将那些影响预测准确性的分枝剪除。

7.1.2　决策树算法的核心

1. 决策树的组成与构造方法

决策树由根节点、非叶子节点、叶子节点和分枝组成。决策树通过把样本实例从根节点排列到某个叶子节点，来对其进行分类。树上的每个非叶子节点代表对一个属性取值的测试，其分枝代表测试的每个结果，而树上的每个叶子节点（结果）代表一个分类的类别，树的最高层节点是根节点。

决策树构造的输入是一组带有类别标记的例子，构造的结果是一棵二叉树或多叉树。二叉树的内部节点（非叶子节点）一般表示为一个逻辑判断，如形式为$a=a_j$的逻辑判断；其中，a是属性，a_j是该属性的所有取值，树的边是逻辑判断的分枝结果。多叉树的内部节点是属性，树的边是该属性的所有取值，有几个属性值，就有几条边，树的叶子节点都是类别标记。

由于数据表示不当、有噪声，或由于决策树生成时产生重复的子树等原因，都会导致所产生的决策树过大。因此，简化决策树是一个不可或缺的环节。寻找一棵最优决策树应主要解决以下三个最优化问题：①生成的叶子节点数目最少；②生成的每个叶子节点的深度最小；③生成的决策树叶子节点最少且每个叶子节点的深度最小。

（1）ID3算法与熵的含义

ID3算法是决策树的一种典型算法，在此算法中，小型决策树优于大型决策树。在信息论中，期望信息越小，信息增益越大，从而使得纯度越高。ID3算法的核心思想就是以信息增益来度量属性的选择，选择分裂后信息增益最大的属性进行分裂。该算法采用自上而下的贪婪搜索遍历可能的决策树空间。

（2）信息熵

熵（entropy）是表示随机变量不确定性的度量，熵越大，随机变量的不确定性越大。设X是一个有限值的离散随机变量，其概率分布公式为：

$$P(X = x_i) = P_i, i = 1, 2, \cdots, n \qquad (7-1)$$

则随机变量X的熵公式为：

$$H(x) = -\sum_{i=1}^{n} \log_2 P_i \ (\text{若} P_i = 0, \text{定义} \log_2 0 = 0) \qquad (7-2)$$

（3）条件熵

条件熵$H(Y|X)$表示在已知随机变量X的条件下随机变量Y的不确定性，其表达式为：

$$H(Y \mid X) = \sum_{i=1}^{n} P_i H(Y \mid X = x_i), P_i = P(X = x_i) \qquad (7-3)$$

（4）信息增益

特征A对训练数据集D的信息增益$g(D, A)$，其定义为集合D的经验熵$H(D)$与特征A给定条件下D的经验条件熵$H(D|A)$之差，即：

$$g(D,A) = H(D) - H(D \mid A) \qquad (7-4)$$

则信息增益越大的特征，具有越强的分类能力。

（5）决策树建立分类模型的步骤

利用样本数据集（也称训练数据集）构造一棵决策树，并通过构造的决策树建立相应的分类模型。[2]这个过程实际上是从一个数据集中获取知识，进行规则提炼的过程。利用已经建立完成的决策树模型对数据集进行分类，即对未知的数据集从根节点依次进行决策树训练，通过一定的分枝路径训练至某叶子节点，从而找到该组数据所在的类或类的分布。

（6）C4.5算法决策树

C4.5决策树是在ID3决策树的基础上进行了优化，将节点的划分标准替换为信息增益率，使得算法能够处理连续值和缺失值，且能够进行剪枝操作。信息增益率使用"分裂信息"值将信息增益规范化。分类信息类似于Info（D），其公式如下：

$$\text{SplitInfo}_A(D) = -\sum_{j=1}^{v} \frac{|D_j|}{|D|} \times \log_2\left(\frac{|D_j|}{|D|}\right) \qquad (7-5)$$

这个值表示通过将训练数据集D划分成对应于属性A的v个取值划分数据集D所产生的信息，并选择其中具有最大增益率的属性作为分裂属性。信息增益率的公式如下：

$$\text{GainRatio}(A) = \frac{\text{Gain}(A)}{\text{SplitInfo}(A)} \qquad (7-6)$$

当属性有很多值时，虽然信息增益变大了，但是相应的属性熵也会变大。所以，最终计算得出的信息增益率并不是很大。在一定程度上，可以避免ID3倾向于选择取值较多的属性作为节点的问题。

（7）CART决策树

分类回归树（Classification And Regression Tree，CART）分为分类树和回归树。顾名思义，分类树用于处理分类问题，回归树用来处理回归问题。我们知道分类和回归是机器学习领域的两个重要方向；分类问题输出的特征向量对应着分类结果，回归问题输出的特征向量对应着预测值。

分类树和ID3、C4.5决策树类似，都可以用来处理分类问题，其差别在于划分方法的不同。分类树利用基尼指数进行二分，如图7-1所示就是一棵二分类回归树。

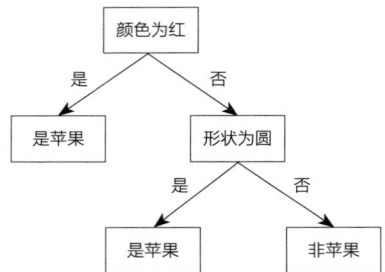

图7-1　二分类回归树示意图

（8）用回归树来处理数据拟合问题

回归树将已知数据进行拟合，对于目标变量未知的数据可以预测目标变量的值。如图7-2所示就是一棵回归树，其中s是切分点，x是特征，y是目标变量；利用切分点s将特征空间进行划分，y是在划分单元上的输出值。回归树的关键是如何选择切分点、如何利用切分点划分数据集，以及如何预测y的取值。

（9）基尼指数

直观来说，基尼指数Gini（D）表示从数据集D中随机抽取两个样本，它们的类

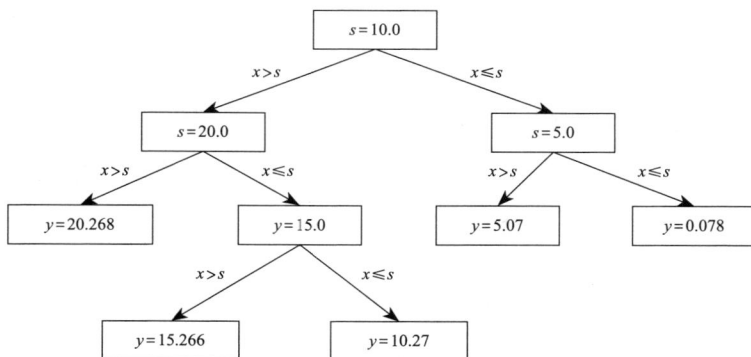

图7-2　回归树处理数据拟合问题

别标记不一致的概率。数据集D的纯度可以用基尼指数来度量，基尼指数越小，数据集D的纯度越高，其公式如下：

$$Gini(D) = \sum_{k=1}^{|y|} \sum_{k' \neq k} p_k p_k' = 1 - \sum_{k=1}^{|y|} p_k^2 \qquad (7-7)$$

总的来说，决策树算法具有分类精度高、生成模式简单、对噪声数据有很好的识别性且对缺失数据有很好的包容性等优点。[3]

2. 随机森林算法

随机森林算法是以多棵决策树为积木搭建而成的算法，是决策树算法的引申和升华。由于单一决策树不具有较好的拟合度，且容易出现偏好某个特征的情况，故引入随机森林算法。它是通过集成学习的Bagging思想，将多棵树集成的一种算法，其基本单元就是决策树。随机森林算法的思想是构建强分类器：若有一个输入样本需要分类，则将它输入到每棵树中进行分类；再将若干个弱分类器的分类结果进行投票选择，从而组成一个强分类器（图7-3）。

（1）随机森林中每棵树的生成规则

如果训练集大小为N，对于每棵树而言，随机且有放回地从训练集中抽取N个训练样本（即拔靴法采样，Bootstrap Sample）作为该树的训练集。由此可知，每棵树的训练集都是不同的，且里面包含重复的训练样本。

如果存在M个特征，则在每个节点分裂的时候，从M中随机选择m个特征维度（$m << M$），使用这m个特征维度中的最佳特征（即最大化信息增益）来分割节点。在森林生长期间，m值保持不变。

注：随机森林中的"随机"指的就是数据集的随机选取和每棵树所使用特征的随机选取。两个随机性的引入对随机森林的分类性能至关重要，可以使随机森林不仅不易陷入过拟合的情况，

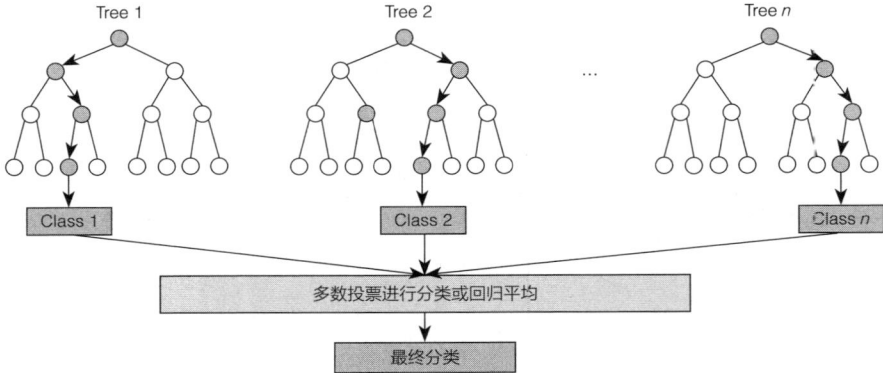

图7-3　多棵决策树构建随机森林

而且具有很好的抗噪能力（如对缺失值不敏感，可以较好地处理缺失情况）。此外，减小特征选择个数m，树的相关性和分类能力会相应降低；而增大m，两者也会随之增大。关键问题是如何选择最优的m，这是随机森林的一个重要参数。

（2）袋外错误率

选择最优参数m的问题主要依据计算袋外错误率OOB error（out-of-bag error）。随机森林的一个重要优点就是没有必要对它进行交叉验证或者用一个独立的测试集来获得误差的一个无偏估计。它可以在内部进行评估，也就是说在生成的过程中就可以对误差建立一个无偏估计。

在构建每棵树的过程中，我们对训练集使用了不同的Bootstrap Sample。对于每棵树而言（假设对于第k棵树），大约有1/3的训练实例没有参与第k棵树的生成，它们被称为第k棵树的OOB样本，而这样的采样特点就允许我们进行OOB估计，其计算方法如下：

1）对每个样本，计算它作为OOB样本的树对它的分类情况（约1/3的树）；

2）以简单多数投票作为该样本的分类结果；

3）用误分个数占样本总数的比率作为随机森林的OOB错误率。

OOB错误率是随机森林泛化误差的一个无偏估计，它的结果近似于需要大量计算的k值交叉验证。这样，就可以通过比较OOB错误率来选择一个最好的特征数m。

（3）随机森林算法的优点

随机森林算法延续了决策树算法的优点，不仅能够处理具有高维特征的输入样本，而且不需要降维。此外，随机森林算法还能够评估各个特征在分类问题上的重要性；在生成过程中，能够获得内部生成误差的一种无偏估计（OOB）；对于缺失值问题，也能够获得很好的结果。[4]

7.2　案例背景

7.2.1　问题描述

自1978年以来，我国实施改革开放政策并取得了重大进展，综合国力和国际地位显著提升，城镇化进程与城镇建设也取得了非常瞩目的成就。[5]但快速城镇化也带来了一些严重问题，如城市无序蔓延、热岛效应、生态破坏、人居环境恶化等。[6]在这种情况下，党的十八大报告中明确提出新型城镇化的概念，对城镇化与工业化、城镇化与农业现代化的关系进行了规定。2019年，国家发展改革委印发了《2019年新型城镇化建设重点任务》，文件"三、优化城镇化布局形态"第（六）款规定，推动大中小城市协调发展。超大特大城市要立足城市功能定位、防止无序蔓延……收缩型中小城市要瘦身强体，转变惯性的增量规划思维，严控增量、盘活存量，引导人口和公共资源向城区集中。[7, 8]近年来，我国的城市发展逐渐从"粗放"的"摊大饼"模式向紧凑高效的集约式用地布局模式转变。以用地集约、公交优先、布局紧凑、功能多样等方式，提供更高质量的城市功能，推动城市由外延式扩张向内涵式提升转变，提高城市用地效率，科学划定城市开发边界，促进城市的可持续发展。[9]

在我国城市无序蔓延的背景下，本研究引入紧凑型城市理念，在不破坏现有赖以生存的资源的条件下，建设宜居、安全、现代化的城市[10]。将城市建设用地密度与混合度、公共服务设施系统、公共交通规划三者融为一体，综合考虑城市发展，并保持适度的紧缩性，以便于人们进行良性互动。[11]

现有的城市规划虽然响应政策，结合了紧凑型城市、盘活存量、协调发展等理念和要求，但规划编制过程仍然存在缺乏技术研究、规划集成性与综合性较弱、容易走入主观臆断的误区等弊端。较少采用科学、严谨的方法对城市进行模拟更新。基于此种现状，本研究运用智能算法与CA空间模拟[12]，基于紧凑型城市理念，结合集可操作性、集成性、综合性于一体的城市智能建模方法，对未来城市建设用地布局结构进行存量优化的模拟与更新。[13]本研究以"中国科技城"——绵阳市城市核心区作为研究区：一方面，强调城市环境和社会、经济、生态三者的可持续共同发展，推行紧凑、集中、高效的发展模式，创造城市内部紧凑高效的结构布局[14]，减少私人交通；以紧凑型城市理念对城市建设用地进行调控[15]，合理组织居住用地、商业用地、公共用地、工业用地以及绿地等城市建设用地布局，适度提高城市建设用地密度，营造良好的城市公共服务设施系统与公共交通系统。另一方面，提高土地利用效率，保护耕地、农田和自然生态环境[16]，阻止城市以"摊大饼"模式持续扩张，充分保护生态用地，为守好18亿亩耕地红线作出绵阳贡献。[17]

7.2.2 解题思路及步骤

用随机森林模型预测土地利用分类：利用2010年驱动因素与2010年土地利用分类结果，构建同期数据随机森林模型，并检验精度与模型的可信度。模型构建完成后，导入2020年驱动因素，并预测2030年绵阳市城市土地利用分类结果。[18] 对模型设置三种不同的情景，在MATLAB和ArcGIS中分别验证精度与数据可视化，并与现状城市建设用地布局进行对比检验与实地调研[19]；为绵阳市城市建设用地趋向紧凑型城市布局的调控更新提供技术支持[20]，为城市总体规划提出策略引导与指导性建议。

用随机森林算法预测城市土地利用分类模型的全过程包括训练集和模拟集。若模拟集出现精度较低的情况，可在训练集和模拟集中插入两组数据，作为验证集。通过观察验证集，并不断调整6类用地的比例，可显著增加模拟集的精度。

7.3 MATLAB程序

7.3.1 清空环境变量

程序运行之前，先清除工作区（Workspace）中的变量及命令行窗口（Command Window）中的命令，具体程序如下：

```
%% 清空环境变量
clear all
clc
```

7.3.2 导入shp格式的数据文件

将初始年土地利用覆被面积和土地利用覆被转移面积矩阵导入MATLAB中。数据中存放着研究区的样本属性变量及其对应的土地利用标签变量，各种用地类型与标签的对应关系如表7-1所示。

用地类型与标签对应关系表   表7-1

用地类型	居住用地	公共服务设施用地	商业用地	绿地	工业用地	生态用地
标签	1	2	3	4	5	6

导入绵阳市2010年土地利用数据，进行模型训练与测试。

```
infotrain=shapeinfo ('2011fishnet复制. shp');    %读取shp文件信息投影或地理信息
SHPtrain= shaperead ('2011fishnet复制. shp');    % 读取shp文件
sstrain=rmfield (SHPtrain, 'Geometry');    %删除掉结构体元素：Geometry
sstrain=rmfield (sstrain, 'BoundingBox');    %删除掉结构体元素：BoundingBox
ss2train=struct2cell (sstrain);    %由于s1是一个结构体，需要把它转成元胞数组cell
```

7.3.3　划分训练集和测试集

对数据进行随机分层抽样，划分为驱动因素与用地类型分开的训练集与测试集。

```
%%% 划分数据集 (随机分层抽样)
sall=cell2mat (ss2 (3: 34, : ));    %3为type, 共32列, 前两列为GIS默认字段, 在此剔除
stype=sall (1, 1: end)';    %提取第1列的用地类型数据（共8类, 其中6类参与用地转换）
%sdrive=sall (2: 31, : );    %提取第三列的用地类型数据
sareaID=sall (32, 1: end)';    %限制用地混合度的大矩阵ID, 共100个, 100格网ID
[rw, cl]=find (stype<7);    %查找用地类型, 剔除不参与用地转换的地类
sall_DEL=sall (:, rw);
sall_DEL (32, : )=[];
strueid=cell2mat (ss2 (35, : ))';
%%% 分层随机抽样
% 1. 随机产生训练集和测试集
rowrank=randperm (size (sall_DEL, 2));    % size获得s2的列数, randperm打乱各列的顺序
b1=sall_DEL (:, rowrank);    % 按照rowrank重新排列各列, 注意rowrank的位置
b1=b1';
labels=b1 (:, 1);    % 最后一列是标签列
trainx=[];
trainy=[];
testx=[];
testy=[];
scala=0.07;    % 每一类中, 训练集抽取的比例为7%
for label=1: length (unique (labels))
    cate=find (labels==label);
    half=int32 (length (cate)*scala);
    traindata=cate (randperm (length (cate), half));
    test=setdiff (cate, traindata);
    trainx=[trainx; b1 (traindata, 1: end)];
    trainy=[trainy; labels (traindata)];
    testx=[testx; b1 (test, 1: end)];
    testy=[testy; labels (test)];
end
trainx=trainx';
testx=testx';
%%% 生成训练集和测试集
% 2. 训练集
train_matrix= trainx (2: 31, : );
```

```
train_label=trainx (1, : );
% 3. 测试集
test_matrix =testx (2: 31, : );
test_label =testx (1, : );
%%% 数据测试
% 1. 训练数据
p_train=train_matrix'; %input_train
t_train =train_label'; %output_train
%%% 数据模拟
% 2. 测试数据
P_test=test_matrix';    %输入数据：驱动因素
t_test=test_label';    %输出数据：用地类型
```

7.3.4　构建随机森林模型

根据前文程序划分的训练集构建随机森林模型。

```
%%% 创建随机森林分类器
model=classRF_train (p_train, t_train);    %调用第三方函数
[T_moni, votes2]= classRF_predict (P_test, model);    %模拟结果
```

7.3.5　模型精度检测

模型构建完成，输入测试数据，测试模型的整体精度与Kappa系数。

```
RFoutput= mapminmax (T_moni, −1, 1);
[m, lable_pre]=max (RFoutput); [b, c]=max (output_test (:, i))
%数据归一化
confuse=confusionmat (t_test, RFoutput);
%混淆矩阵，测试精度
% ( x轴表示预测标签，y轴表示实际标签，cm表示实际标签i变为预测标签j的数量 );
%对角线上数量越多，预测标签等于实际标签的样本量越多，预测精度越高
ssss=[RFoutput; t_test];
%矩阵相加
ssss =ssss'%转置
%%% Kappa系数
pe0=0;
n=0;
for i=1:6
    pe (i)=sum (confuse (i, : ))*sum (confuse (:, i))
    n=n+confuse (i, i);
end
pe =sum (pe)/sum (confuse (: ))^2;
p0=n/sum (confuse (: ));
```

```
%模型精度
k= (p0−pe) / (1−pe);
%Kappa系数结果
```

7.3.6　模拟2030年绵阳市城市用地适宜性概率

导入2020年绵阳市土地利用数据，根据已建模型预测2030年绵阳市土地利用。

```
infomoni=shapeinfo ('SSbig_fishnet特殊数值. shp');    %读取shp文件信息投影或地理信息
SHPmoni= shaperead ('SSbig_fishnet特殊数值. shp');    % 读取shp文件
ssmoni=rmfield (SHPmoni, 'Geometry');
ssmoni=rmfield (ssmoni, 'BoundingBox');
ss2moni=struct2cell (ssmoni);    %转换数据格式
sall2=cell2mat (ss2moni (3: 34, : ));
stype2=sall2 (1, 1: end)';    %提取第1列的用地类型数据（共8类，其中6类参与用地转换）
sareaID2=sall2 (32, 1: end)';    %限制用地混合度的大矩阵ID，共100个
[rw2, cl2]=find (stype2<7);    %查找用地类型，剔除0、8类用地（不参与用地转换）
sall_DEL2=sall2 (:, rw2);    %选取type为非0、8的格子，即参与用地转换的格子
sall_DEL2 (32, : )=[];    %删除最后一列，即删除100ID渔网矩阵
P_moni=sall_DEL2 (2: 31, 1: end)';
t_moni=sall_DEL2 (1, 1: end)';    %数据导入
[T2_moni, votes3]= classRF_predict (P_moni, model);    %模拟结果
RFoutput2= mapminmax (T2_moni, −1, 1);    %归一化
confuse3=confusionmat (t_moni, RFoutput2);    %混淆矩阵
ssss2=[RFoutput2; t_moni];    %矩阵相加
ssss2 =ssss2';    %转置
T2_moni1=find (T2_moni==1);
T2_moni2=find (T2_moni==2);
T2_moni3=find (T2_moni==3);
T2_moni4=find (T2_moni==4);
T2_moni5=find (T2_moni==5);
T2_moni6=find (T2_moni==6);
%% Kappa系数2
Npe0=0;
Nn=0;
for i=1:6
    Npe (i)=sum (confuse3 (i, : ))*sum (confuse3 (:, i));
    Nn=Nn+confuse3 (i, i);
end
Npe =sum (Npe)/sum (confuse3 (: ))^2;
p2=Nn/sum (confuse3 (: ));
%模型精度
k2= (p2−Npe)/ (1−Npe);
%Kappa系数结果
%% 每个格网6类用地的适宜性概率矩阵
qu_A=[votes3 (:, 1)]/500;
```

```
qu_B=[votes3 (:, 2)]/500;
qu_G=[votes3 (:, 3)]/500;
qu_M=[votes3 (:, 4)]/500;
qu_O=[votes3 (:, 5)]/500;
qu_R=[votes3 (:, 6)]/500;
%计算出每个格网各类用地的地类转移概率矩阵
ALL_suit=[qu_A, qu_B, qu_G, qu_M, qu_O, qu_R];
%合并6列矩阵，输出土地利用适宜性矩阵
AAff=ALL_suit;
qq=sall2 (1, : )';
%将所有渔网格子用地类型全部提取出来
qqall=[qq, qq, qq, qq, qq, qq];
%构建矩阵
qqall (:, 1: 6)=0;
%现在的qqall是一个值全部为0的6*6的空矩阵
pp=qqall (rw2, : );
%验证选取的qqall确实是参与用地转换的6列数组矩阵
qqall (rw2, : )=AAff;
%将计算好的votes回溯成原大小矩阵
%%RF部分最后结果（以2010年数据为模型，2020年全集数据进行测算）
all_ans=qqall;
% 工业区域限制
%判断M类型用地是否可转，0为不可转，概率均赋值为0；1为可转，概率不变更
C=find (stype2 ~ =5); C1=find (stype2==5);
%找出不允许转为M类（工业用地）的格网单元编号（FID）
%后续需在GIS中根据总体规划更新工业用地选区
All_ans1=all_ans (:, 1); all_ans2=all_ans (:, 2); all_ans3=all_ans (:, 3);
all_ans4=all_ans (:, 4); all_ans5=all_ans (:, 5); all_ans6=all_ans (:, 6);
all_ans5©=0;
%将非5值提出来并赋值为0（工业概率），后续计算中不会转换为M类用地
all_ans=[all_ans1, all_ans2, all_ans3, all_ans4, all_ans5, all_ans6];
%合并成原矩阵
Qtest=find (all_ans (:, 5) ~ =0);
%代码检测行，检测上述步骤是否成功
```

7.3.7　邻域影响

本模块是邻域影响因子测算模块，与前文程序所得土地利用适宜性矩阵综合测算用地转移概率。

```
%% 邻域影响计算
s2=ss2moni;
s2=s2';
X1= s2{1, 1} (1);
%左下角点
```

```
        Y1= s2{1, 2} (1);
        Xend=s2{size (s2, 1), 1} (3);
        %右上角点
        Yend=s2{size (s2, 1), 2} (3);
        countX=round ((Xend−X1)/50);
        %以50m为间隔（渔网大小为50m*50m）
        countY=round ((Yend−Y1)/50);
        %计算横向有多少个格子，纵向有多少个格子
        %位移变量
        MoveX=[−1 0 1; −1 0 1; −1 0 1];
        MoveY=[1 1 1; 0 0 0; −1 −1 −1];
        MaxClass=[];
        SameClassTime=[];
        ClassCount=[];
        %为每个格子记录邻居格子的标签统计结果（不统计中间格子），奇数列表示标签1-6, 偶数列表
%示前一个标签的频数，−1表示当前格子标签为0，不考虑
        ClassCountMid=[];
        %为每个格子记录邻居格子的标签统计结果（统计中间格子），奇数列表示标签1-6, 偶数列表示
%前一个标签的频数，−1表示当前格子标签为0，不考虑
        %% 第一步　邻域格子统计
        % 统计标签数
        for i=1: size (s2, 1)
            %初始化统计的数据
            MaxClass (i, 1)=−1;
        %−1代表不存在非0标签的邻居格子
            SameClassTime (i, 1)=−1;
        %−1代表不存在非0标签的邻居格子
            for t= 1:12
                ClassCount (i, t)=−1;
                ClassCountMid (i, t)=−1;
            end
            if s2{i, 3}==0
        %如果当前格子的标签为0，则为无效格子，不需考虑
                continue;
            end
        %确定当前记录的在矩阵中的x, y坐标
            x=mod (i, countX);
            if x==0
                x=countX;
            end
            y=ceil (i/countX);
            neigblist=[];
        %第一列存储当前格子的邻居格子在s2列表中的序号，第二列存储邻居格子标签
        for j=1: 3
            for k=1: 3
                if j==2&&k==2
                    continue;
```

```
                    end
                xx=x+MoveX (j, k);
                yy=y+MoveY (j, k);
%邻居格子的矩阵坐标
                    if xx>countX||yy>countY||xx<1||yy<1
                        continue;
%排除不在矩阵内的，即边界外的格子
                    end
                    ii= (yy−1)*countX+xx;
%邻居格子在s2列表中的序号
                    if s2{ii, 3}  ~ =0
%若邻居格子的标签为0，表示无效标签格子，不需统计
                        neigblist (end+1, 1)=ii;
                        neigblist (end, 2)=s2{ii, 3};
%另有多处6值代码，意思是矩阵第六列，即用地类型所在列
                    end
                end
            end
        if size (neigblist, 1)  ~ =0
        T=tabulate (neigblist (:, 2));
%统计邻居格子的标签数，T的第一列为标签号，第二列为统计频数，第三列为百分比
    maxper= max (T (:, 3));
    [row, col]=find (T (:, 3)==maxper);
    maxclasscur=T (row, 1: 2);
%出现次数最多的标签和相应数量
    MaxClass (i, 1)=maxclasscur (1, 1);
%记录次数最多的标签总表
    MaxClass (i, 2)=maxclasscur (1, 2);
    if size (maxclasscur, 1)>1
        for m=2: size (maxclasscur, 1)
            MaxClass (i, m+1)=maxclasscur (m, 1);
%如果存在多个数量最多的标签，则从当前行第三个位置开始添加其余标签号
        end
    end
    SameClassTime (i, 1)=length (find (neigblist (:, 2)==s2{i, 3}));
%记录与当前格子标签相同的邻居格子数量的总表
        for t= 1: 6
            f=find (T (:, 1)==t);
            if isempty (f)
                ClassCount (i, (t−1)*2+1)=t;
                ClassCount (i, t*2)=0;
                ClassCountMid (i, (t−1)*2+1)=t;
                ClassCountMid (i, t*2)=0;
            else
                ClassCount (i, (t−1)*2+1)=f;
                ClassCount (i, t*2)=T (f, 2);
```

```
                ClassCountMid (i, (t−1)*2+1)=f;
                ClassCountMid (i, t*2)=T (f, 2);
            end
        if s2{i, 3}==t
                ClassCountMid (i, t*2)=ClassCountMid (i, t*2)+1;
            end
        end
    end
end
```

```
Q=[ClassCount (:, 2) ClassCount (:, 4) ClassCount (:, 6) ClassCount (:, 8) ClassCount (:, 10) ClassCount (:,
12)];    %把1—6类用地的邻域格子合为一个矩阵
%对应前文注释，奇数列为标签，即用地类型 1—6
q=find (Q==−1);
Q (q)=0;    %将−1替换为0值 【−1是空矩阵】
Qchu=Q/8;    %最终的邻域占比
[rw, cl]=find (stype2<7);    %查找用地类型，剔除0、8类用地，其中0为道路、水体等，8为填充矩阵
Qchu_Qchu=Qchu (rw);    %选取type为非0、8的格子，即参与用地转换的格子
```

7.3.8　最终结果（用地适宜性×邻域影响）

综合前文程序所得用地适宜性与邻域影响，输出最终结果。

```
%邻域占比与适宜性概率相乘
databoth=all_ans.*Qchu;    %转换规则判断依据，注意是点乘，不是直接相乘
[max_databoth, index]=max (databoth, [], 2);    %max函数，找出每行的最大值
lastans=index;    %RF与邻域最终结果
[rw2, cl2]=find (stype2==7);    %找出图例中为7的位置，7道路水体
[rw3, cl3]=find (stype2==8);    %找出图例中为8的位置，8未利用地
lastans (rw2)=7;    %替换为道路及水体
lastans (rw3)=8;    %替换为未利用地
lastani=lastans;    %程序最终结果，可导入GIS进行可视化
```

7.4　模拟结果空间表达

将不同年份土地利用分类结果进行GIS可视化，模型精度为89.7%，*K*值为61.48。模型效果较好，可信度较高（图7-4、图7-5）。

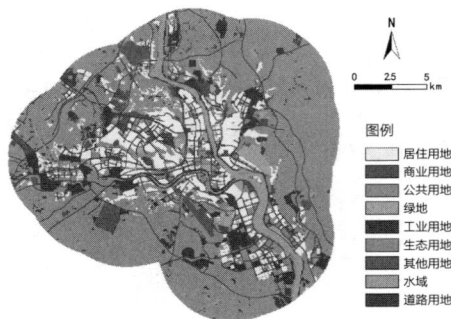

图 7-4　2020 年土地利用现状图

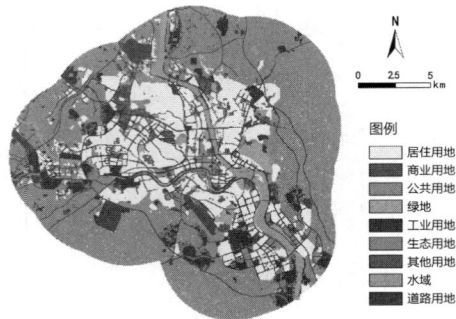

图 7-5　2030 年土地利用模拟结果

7.5　延伸阅读

以上内容演示了如何利用随机森林算法进行城市内部土地利用分类模拟的过程。随机森林模型精度可通过OOB袋外数据计算袋外错误率反向得出。通过随机森林包中最佳模型精度决策树棵树模块，操作者可得出最佳精度时决策树的棵树，并在后续模拟中设置最佳决策树棵树。[21] 随机森林相关参数介绍如下。

1. 用于剪枝的参数

max_depth：该参数用于限制树的最大深度，超过设定深度的树枝被全部剪掉。该剪枝函数在高维度、低样本量时非常有效。决策树多生长一层，对样本量的需求就会增加一倍，所以限制树的深度能够有效地限制过拟合。在集成算法中也非常实用。实际使用时，建议从=3开始尝试，观察拟合效果后，再决定是否增加深度设定。

min_samples_leaf：该参数限定一个节点在分枝后的每个子节点都必须包含至少min_samples_leaf个训练样本，否则分枝就不会发生；或者，分枝会朝着满足每个子节点都包含min_samples_leaf个样本的方向去发生。一般搭配max_depth使用，在回归树中有神奇的效果，可以让模型变得更加平滑。一般来说，建议从=5开始使用。

min_samples_split：该参数限定一个节点必须要包含至少min_samples_split个训练样本，这个节点才允许被分枝，否则分枝就不会发生。

max_features：该参数限制分枝时考虑的特征个数，超过限制个数的特征都会被舍弃。和max_depth异曲同工，max_features是用来限制高维度数据过拟合的剪枝参数。但其所采用的是暴力方法，是直接限制可以使用的特征数量，而强行使决策树停下的参数。在不知道决策树中各个特征的重要性的情况下，强行设定这个参数，可能会导致模型学习不足。如果希望通过降维的方式防止过拟合，建议使用PCA（主成分分析）、ICA（独立成分分析）或者特征选择模块中的降维算法。

min_impurity_decrease：该参数用于限制信息增益的大小，信息增益小于设定数值的分枝不会发生。这是在随机森林0.19版本中更新的功能，在0.19版本之前使用的是min_impurity_split。

2．用于调参的参数

max_features（最大特征数）：这个参数用来限制训练每棵树时所需要考虑的最大特征个数，超过限制个数的特征都会被舍弃。可填入的值有int（具体值），float（占特征总数的百分比），auto/sqrt（总特征个数开平方取整），$\log_2$（总特征个数取对数并取整）。默认值为auto/sqrt。值得一提的是，这个参数在决策树中也有，但是不重要，因为其默认为None，即有多少特征用多少特征。为什么要设置这样一个参数呢？主要是考虑到训练模型会产生多棵树。如果在训练每棵树的时候都用到所有特征，一来会导致运算量加大，二来每棵树训练出来也很可能会千篇一律，没有太多侧重。所以，设置这个参数，使在训练每棵树时，只随机用到部分特征，在减少整体运算量的同时，还可以让每棵树更注重自己选到的特征。

3．控制样本抽样参数

bootstrap：每次构建的树是不是采用有放回样本的方式（Bootstrap Samples）抽取数据集，可选参数True或False，默认为True。

oob_score：是否使用袋外数据来评估模型，默认为False。

boostrap和oob_score两个参数一般要配合使用。如果boostrap是False，那么每次训练时都用整个数据集训练；如果boostrap是True，那么就会产生袋外数据。

4．其余参数

max_samples：构建每棵树需要抽取的最大样本数据量；默认为None，即每次抽取的样本数量和原数据量相同。

n_jobs：设定fit和predict阶段并列执行的CPU核数；如设置为–1，表示并行执行的任务数等于计算机核数；默认为None，表示采用单核计算。

verbose：控制构建决策树过程的冗余度，默认为0；一般不需要调整这个参数。

warm_start：当设置为True，重新使用之前的结构去拟合样例，并加入更多估计器（estimators，在这里就是随机树）到组合器中，并默认为False。

上述参数只需作简单了解即可，大多数参数在使用过程中不用调整。只需注意一点：n_jobs默认为None；为了加快速度，可以把n_jobs设置为–1。

总的来说，随机森林的随机性主要体现在数据集的随机选取和每棵树所使用特征的随机选取两个方面。这两个随机性使得随机森林中的决策树能够彼此不同，从而提升了系统的多样性，进而提升了软件的分类性能。

参考文献

［1］张涛. 计算机编程软件MATLAB在数据处理方面的运用［J］. 电子技术与软件工程，2022（09）：45-48.

［2］张凤，郭洪杰，刘强. MATLAB在高等数学教学中的可视化应用［J］. 科技风，2022（15）：109-112.

［3］李敏. 基于随机森林的元胞自动机城市土地利用变化模拟［D］. 重庆：重庆交通大学，2021.

［4］陈雨桐. 集成学习算法之随机森林与梯度提升决策树的分析比较［J］. 电脑知识与技术，2021，17（15）：32-34.

［5］刘迎春，陈梅玲. 流式大数据下随机森林方法及应用［J］. 西北工业大学学报，2015，33（06）：1055-1061.

［6］吴华芹. 基于训练集划分的随机森林算法［J］. 科技通报，2013，29（10）：124-126.

［7］方创琳. 改革开放30年来中国的城市化与城镇发展［J］. 经济地理，2009，29（01）：19-25.

［8］沈清基. 论基于生态文明的新型城镇化［J］. 城市规划学刊，2013（01）：29-36.

［9］滕玲. "不能把眼睛只盯在大城市"《2019年新型城镇化建设重点任务》解读［J］. 地球，2019（05）：38-39.

［10］王敏玉. 从中央城镇化工作会议看习近平对中国城镇化建设的战略思考［C］//中央党史和文献研究院机构改革工作小组科研管理组. 2016年度文献研究个人课题成果集（上）. 北京：中央文献出版社，2018：408-416.

［11］郑晓伟. 福利经济学视角下城市存量空间密度调整优化研究［J］. 规划师，2017，33（05）：101-105.

［12］SHI L Y, YANG S C, GAO L J. Effects of a compact city on urban resources and environment［J］. Journal of urban planning and development, 2016, 142（04）：05016002.

［13］陶瑞峰，董盛楠. 国内外城市更新发展历程研究与政策演变［J］. 美与时代（城市），2021（07）：102-103.

［14］孙毅中，杨静，宋书颖，等. 多层次矢量元胞自动机建模及土地利用变化模拟［J］. 地理学报，2020，75（10）：2164-2179.

［15］苟爱萍，赵瑾瑾，王江波. 基于CA模型的城市空间规划研究综述［J］. 现代城市研究，2015（08）：26-34.

［16］彭博. 基于紧凑城市理论的城市新区规划布局研究［D］. 郑州：郑州大学，2017.

［17］刘思思. 城市更新进程中的政府行为分析［D］. 深圳：深圳大学，2019.

［18］ZHOU Y，CHEN M X，TANG Z P，et al. Urbanization，land use change，and carbon emissions：quantitative assessments for city-level carbon emissions in Beijing-Tianjin-Hebei region［J］. Sustainable cities and society，2021，66（03）：102701.

［19］陈逸敏，李少英，黎夏，等. 基于MCE-CA的东莞市紧凑城市形态模拟［J］. 中山大学学报（自然科学版），2010，49（06）：110-114.

［20］张大川，刘小平，姚尧，等. 基于随机森林CA的东莞市多类土地利用变化模拟［J］. 地理与地理信息科学，2016，32（05）：29-36.

［21］王全喜，孙鹏举，刘学录，等. 基于随机森林算法的耕地面积预测及影响因素重要性分析——以甘肃省庆阳市为例［J］. 水土保持通报，2018，38（05）：341-346.

第 8 章

BP算法——大尺度
城市空间格局演变模拟

8.1 理论基础

8.1.1 BP神经网络模型及其原理

BP（Back Propagation）神经网络是1986年由以鲁姆哈特（Rumelhart）和麦克塞兰（McCelland）为首的科学家小组提出，是一种按误差逆向传播算法训练的多层前馈神经网络，是目前应用最广泛的神经网络模型之一。BP神经网络能学习和存储大量的输入—输出模式映射关系，而无需事前揭示描述这种映射关系的数学方程。它的学习规则是使用梯度下降法，通过反向传播不断调整网络的权值和阈值，使网络的误差平方和最小。BP神经网络模型的拓扑结构包括输入层（input layer）、隐含层（hide layer）和输出层（output layer），详细结构见图8-1。

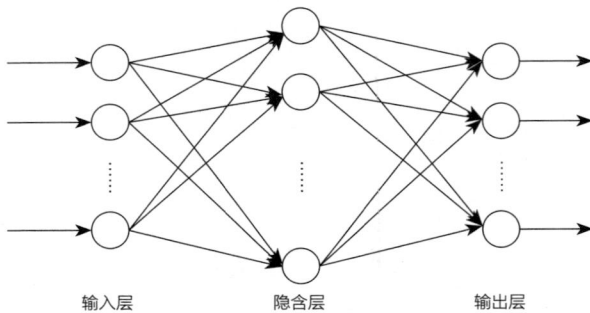

图8-1 神经网络拓扑结构图

生物神经元信号的传递是通过突触进行的一个复杂的电化学过程；在人工神经网络中，是将其简化模拟成一组数字信号，通过一定的学习规则，而不断变动更新的过程，这组数字被存储在神经元之间的连接权值中。网络的输入层模拟的是神经系统的感觉神经元，它接收输入样本信号。输入信号经输入层输入，通过隐含层的复杂计算，由输出层输出。输出信号与期望输出相比较，若有误差，再将误差信号反向由输出层通过隐含层处理后向输入层传播。在这个过程中，误差通过梯度下降算法，分摊给各层的所有单元，从而获得各单元的误差信号，以此误差信号为依据，修正各单元的权值，网络权值因此被重新分布。此过程完成后，输入信号再次由输入层输入网络，重复上述过程。这种信号正向传播与误差反向传播的各层权值的调整过程周而复始地进行着，直到网络输出的误差被减小到可以接受的程度，或进行到预先设定的学习次数为止。权值不断调整的过程就是网络的学习、训练过程。

BP神经网络的信息处理方式具有如下特点：

1. 信息分布存储

信息在生物神经系统中并非集中储存在单一节点上，而是通过突触连接强度的变化实现分布式存储。BP神经网络正是借鉴了这一机制，将知识以权值的形式编码于整个网络之中。

2. 信息并行处理

人脑神经元之间传递脉冲信号的速度远低于冯·诺依曼计算机的工作速度，但是在很多问题上却可以作出快速的判断、决策和处理，这是由于人脑是一个大规模并行与串行组合的处理系统。BP神经网络的基本结构模仿人脑，具有并行处理的特征，大大提高了网络功能。

3. 具有容错性

在生物神经系统中，部分的、不严重的损伤并不影响整体功能，BP神经网络也具有这种特性。网络的高度连接意味着少量的误差可能不会产生严重的后果，部分神经元的损伤不破坏整体，它可以自动修正误差，这与现代计算机的脆弱性形成鲜明对比。

4. 具有自学习、自组织、自适应的能力

BP神经网络具有初步的自适应与自组织能力，在学习或训练中改变突触权值以适应环境，可以在使用过程中不断学习、完善自己的功能。此外，同一网络因学习方式的不同，可以具有不同的功能，甚至具有创新能力，可以发展知识，以致超过设计者原有的知识水平。

目前，在人工神经网络的实际应用中，绝大部分神经网络模型都采用了BP神经网络及其变化形式。它也是前馈神经网络的核心部分，体现了人工神经网络的精髓。

BP神经网络主要用于以下4个方面：

（1）函数逼近：用输入向量和相应的输出向量训练一个网络，以逼近一个函数。

（2）模式识别：用一个特定的输出向量将它与输入向量联系起来。

（3）分类：把输入向量按照所定义的合适方式进行分类。

（4）数据压缩：减小输出向量的维数，以便于传输或存储。

8.1.2　BP神经网络算法流程

BP神经网络的误差逆向传播算法是典型的有导师学习算法。其基本思想是对一定数量的样本对（输入和期望输出）进行学习；即将样本的输入送至网络输入层的各个神经元，经隐含层和输出层计算后，输出层各个神经元输出对应的预测值。若预测值与期望输出之间的误差不满足精度要求，则从输出层反向传播该误差，从而进行权值和阈值的调整，使得网络的输出和期望输出之间的误差逐渐减小，直至满足精度要求。

BP神经网络的精髓是将网络的输出与期望输出之间的误差归结为权值和阈值的"过

错"，通过反向传播，把误差"分摊"给各个神经元的权值和阈值。BP神经网络学习算法的指导思想是权值和阈值的调整要沿着误差函数下降最快的方向（负梯度方向）发展。

下面详细推导利用BP神经网络学习算法对权值和阈值进行调整的公式。

设一样本对 (X, Y) 为 $X= [x_1, x_2, \cdots, x_m]'$，$Y= [y_1, y_2, \cdots, y_n]'$，隐含层神经元为 $O= [o_1, o_2, \cdots, o_i]$。输入层与隐含层神经元间的网络权值矩阵 W^1 和隐含层与输出层神经元间的网络权值 W^2 分别为：

$$W^1 = \begin{bmatrix} w_{11}^1 & w_{12}^1 & \cdots & w_{1m}^1 \\ w_{21}^1 & w_{22}^1 & \cdots & w_{2m}^1 \\ \cdots & \cdots & & \cdots \\ w_{l1}^1 & w_{l2}^1 & \cdots & w_{lm}^1 \end{bmatrix}, \quad W^2 = \begin{bmatrix} w_{11}^2 & w_{12}^2 & \cdots & w_{1l}^2 \\ w_{21}^1 & w_{22}^1 & \cdots & w_{2l}^1 \\ \cdots & \cdots & & \cdots \\ w_{n1}^1 & w_{n2}^1 & \cdots & w_{nl}^1 \end{bmatrix} \tag{8-1}$$

隐含层神经元的阈值 θ^1 和输出层神经元的阈值 θ^2 分别为：

$$\theta^1 = \left[\theta_1^1, \theta_2^1, \cdots, \theta_l^1\right]', \quad \theta^2 = \left[\theta_1^2, \theta_2^2, \cdots, \theta_n^2\right]' \tag{8-2}$$

则隐含层神经元的输出为：

$$O_j = f\left(\sum_{i=1}^{m} w_{ji}^1 x_i - \theta_j^1\right) = f\left(\text{net}_j\right), \quad j=1, 2, \cdots, l \tag{8-3}$$

其中，$\text{net}_j = \left(\sum_{i=1}^{m} w_{ji}^1 x_i - \theta_j^1\right)$，$j=1, 2, \cdots, l$；$f(\cdot)$ 为隐含层的传递函数。

输出层神经元的输出为：

$$z_k = g\left(\sum_{j=1}^{l} w_{kj}^2 O_j - \theta_k^2\right) = g\left(\text{net}_k\right), \quad k=1, 2, \cdots, n \tag{8-4}$$

其中，$\text{net}_k = \left(\sum_{j=1}^{l} w_{kj}^2 O_j - \theta_k^2\right)$，$k=1, 2, \cdots, n$；$g(\cdot)$ 为输出层的传递函数。

网络输出与期望输出之间的误差为：

$$\begin{aligned} E &= \frac{1}{2}\sum_{k=1}^{n}\left(y_k - z_k\right)^2 = \frac{1}{2}\sum_{k=1}^{n}\left[y_k - g\left(\sum_{j=1}^{l} w_{kj}^2 O_j - \theta_k^2\right)\right]^2 \\ &= \frac{1}{2}\sum_{k=1}^{n}\left\{y_k - g\left[\sum_{j=1}^{l} w_{kj}^2 f\left(\sum_{i=1}^{m}(w_{ij}^1 x_i - \theta_j^1) - \theta_k^2\right)\right]\right\}^2 \end{aligned} \tag{8-5}$$

误差 E 对隐含层与输出层神经元之间的权值 w_{kj}^2 的偏导数为：

$$\frac{\partial E}{\partial w_{kj}^2} = \frac{\partial E}{\partial z_k} \cdot \frac{\partial z_k}{\partial w_{kj}^2} = -\left(y_k - z_k\right) g'\left(\text{net}_k\right) O_j = -\delta_k^2 O_j \tag{8-6}$$

其中，$\delta_k^2 = \left(y_k - z_k\right) g'\left(\text{net}_k\right)$。

误差 E 对输入层与隐含层神经元之间的权值 w_{ji}^1 的偏导数为：

$$\frac{\partial E}{\partial w_{ji}^1} = \sum_{k=1}^{n}\sum_{j=1}^{l}\frac{\partial E}{\partial z_k}\cdot\frac{\partial z_k}{\partial O_j}\cdot\frac{\partial O_j}{\partial w_{ji}^1} = -\sum_{k=1}^{n}(y_k-z_k)g'(\text{net}_k)w_{kj}^2 f'(\text{net}_j)x_i = -\delta_j^1 x_i \quad (8\text{-}7)$$

其中，$-\delta_j^1 = \sum_{k=1}^{n}(y_k-z_k)g'(\text{net}_k)w_{kj}^2 f'(\text{net}_j) = f'(\text{net}_j)\sum_{k=1}^{n}\delta_k^2 w_{kj}^2$。

由式（8-6）和式（8-7）可得权值的调整公式为：

$$\begin{cases} w_{ji}^1(t+1) = w_{ji}^1(t) + \Delta w_{ji}^1 = w_{ji}^1(t) - \eta^1\dfrac{\partial E}{\partial w_{kj}^1} = w_{ji}^1(t) + \eta^1\delta_j^1 x_i \\[2mm] w_{kj}^1(t+1) = w_{kj}^2(t) + \Delta w_{kj}^2 = w_{kj}^2(t) - \eta^2\dfrac{\partial E}{\partial w_{kj}^2} = w_{kj}^2(t) + \eta^2\delta_j^2 O_j \end{cases} \quad (8\text{-}8)$$

其中 η^1 和 η^2 分别为隐含层和输出层的学习步长。

同理，误差 E 对输出层神经元的阈值 θ_k^2 的偏导数为：

$$\frac{\partial E}{\partial \theta_k^2} = \frac{\partial E}{\partial z_k}\cdot\frac{\partial z_k}{\partial \theta_k^2} = -(y_k-z_k)g'(\text{net}_k)(-1) = (y_k-z_k)g'(\text{net}_k) = \delta_k^2 \quad (8\text{-}9)$$

误差 E 对隐含层神经元的阈值 θ_j^1 的偏导数为：

$$\begin{aligned} \frac{\partial E}{\partial \theta_j^1} &= \sum_{k=1}^{n}\frac{\partial E}{\partial z_k}\frac{\partial z_k}{\partial O_j}\frac{\partial O_j}{\partial \theta_j^1} = -\sum_{k=1}^{n}(y_k-z_k)g'(\text{net}_k)w_{kj}^2 f'(\text{net}_j)(-1) \\ &= \sum_{k=1}^{n}(y_k-z_k)g'(\text{net}_k)w_{kj}^2 f'(\text{net}_j) = \delta_j^1 \end{aligned} \quad (8\text{-}10)$$

由式（8-9）和式（8-10）可得阈值的调整公式为：

$$\begin{cases} \theta_j^1(t+1) = \theta_j^1(t) + \Delta\theta_j^1 = \theta_j^1(t) + \eta^1\dfrac{\partial E}{\partial \theta_j^1} = \theta_j^1(t) + \eta^1\delta_j^1 \\[2mm] \theta_k^2(t+1) = \theta_k^2(t) + \Delta\theta_k^2 = \theta_k^2(t) + \eta^2\dfrac{\partial E}{\partial \theta_k^2} = \theta_k^2(t) + \eta^2\delta_k^2 \end{cases} \quad (8\text{-}11)$$

8.2　案例背景

8.2.1　问题描述

土地资源是人类生产活动最重要、最基本的物质基础。土地利用变化反映了人类活动与自然环境之间的相互作用。人类参与的土地利用，如城市化、农业生产和森林过度开发等，使得人类与自然环境相互作用的关系紧张化，导致全球变暖和不可逆转的多样性损失等生态环境问题。[1] 在过去几十年中，城市化成为发达国家人口、社会、经济和环境变化背后的关键力量。在城市化进程中，人口增长、不合理的土地利用和低土地利用率造成的紧张的人地关系为人类提出了巨大的生存挑战[2]。在城市化进程中，区域土地利用及土地覆被变化的主要趋势是，城市扩张往往会侵占农田，农田扩张又会占用生态空间，如自然栖息地、草地等，从而导致区域生态系统的失调，特别是在人口稠密的国家。在过去30年间（约1990~2020年），中国城市化水平迅速提升，常住人口城镇化率由不足30%上升至超过60%。这一快速城市化进程在促进经济发展的同时，也导致了大规模的城市空间外扩。多数城市呈现出典型的蔓延式扩张（urban sprawl，即以低密度、无序扩张为主要形式的城市增长模式）特征。这种扩张方式加剧了包括耕地流失、森林退化以及生态系统破碎化等在内的生态与环境问题。[3]据联合国预测：到2050年，世界城市化水平将达到80%。

研究土地利用变化的主要类型、方向、强度、特点以及演变规律，并进一步对土地利用变化的驱动力因子进行深入分析，以便了解人类活动对不同土地利用类型的干扰程度，及土地利用类型相互转换的内在规律，对区域土地资源的可持续利用以及区域经济与生态环境的协调发展具有重要意义。研究城市土地利用随时间变化的重要驱动因素，找出城市土地利用时空演化的内在规律，可以为当前国土空间规划、土地利用结构调整提供参考和依据，有助于促进国土空间的合理布局，推进社会、经济与自然环境的可持续发展。

土地利用变化对全球碳、水循环，生态系统的服务功能和人类福祉至关重要。针对这一问题，国外研究人员大多基于土地利用变化的历史数据开展研究。一般选用数理统计分析的方法[4]，定性与定量相结合地研究土地利用变化的主要驱动因素；一方面是建立土地利用变化的概念模型，另一方面是构建土地利用变化的数学模型。在模型构建的过程中，大多数研究人员把驱动因素分为自然因素和社会经济因素两个层面：自然因素主要包括气候、水文、土壤质量、地形地貌等；社会经济因素则包括人口、经济、技术、生产生活方式、城市化、政策等。Lambin等人对导致土地利用变化的原因进行了系统性论述；[5]Houghton等人认为生态绿地维护、林地面积扩大、产业结构优化是导致土地利用变化的因素；[6]Kleemann等人则结合运用多种方法，分析了加纳东北部地区土地利用变化的驱动力。[7]

我国也有许多学者对土地利用变化的驱动因素进行了深入研究。[8]研究工作可大致分为以下两个方面。

一方面，对土地利用变化的驱动因素进行定性分析，认为该驱动因素包含自然和人为两大因素。自然因素也就是土地的自然属性；人为因素即人类活动对土地利用变化的驱动作用，又称社会经济因素。人类活动对土地利用变化有着较为直接的影响，因此人为因素也是人们在这一研究领域最为集中的研究方向。人为因素中还包含对土地利用变化影响较大的政策因素[9, 10]。

另一方面，对土地利用变化的驱动因素作定量研究。其中大多数研究是围绕社会经济因素展开；这是因为自然因素对土地利用变化产生影响的时间跨度较大，且自然因素相对稳定，在较短的研究期内其对土地利用变化的影响较小。对于人为因素中政策因素的研究也较少，原因是政策因素难以量化，只能进行定性分析。如马礼等分析了耕地面积变化与驱动因素的关系，并对某一用地类型进行了深入研究。[11, 12]吴美琼等采用主成分分析法，从经济、人口、农业和土地4个方面分析了钦州市2001～2010年耕地面积变化的影响因素，揭示了耕地面积变化的作用机制。[13]潘竟虎等以玉门市作为研究对象，利用GIS技术和景观格局分析法，对该地区1976～2010年的土地利用和景观格局变化情况进行了分析，并对导致变化的原因进行了探讨。[14]该研究指出，导致土地利用和景观格局变化的主要原因在于农业人口的增长以及经济建设的推进，同时受气候和政策因素的影响也较大。谢花林等以内蒙古自治区赤峰市翁牛特旗作为研究对象，通过logistic回归模型对地区内农牧交错带的土地利用变化情况进行了分析，并着重针对转化为草地的土地进行了回归分析，得出空间统计模型能较好地揭示主要驱动力及其作用机理的结论。[15]

BP神经网络能以任何精度，模拟任何非线性连续函数。BP神经网络对数据的处理速度非常快，而且能容许较高的错误率。当系统在局部受到破坏时，得到的结果对全局不会有较大影响。BP神经网络能够很好地自学习和自适应，故能较好地进行各种分类。本章以绵阳市涪城区、游仙区、安州区城市连片建成区为例，集成历史土地利用、自然、区位、人口经济4个方面的驱动因素，探寻在各驱动因素影响下的城市土地利用转化规则。

8.2.2　解题思路及步骤

首先，准备好驱动因素和土地利用类型数据；其次，随机抽样产生训练集、测试集和验证集，对神经网络进行训练；最后，将训练好的神经网络最佳初始权值和阈值输出，使用最新一期的驱动因素对未来进行预测；具体过程见图8-2。

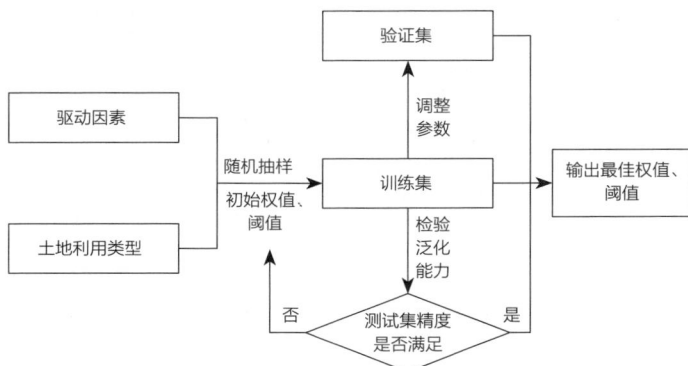

图8-2　用神经网络挖掘城市土地利用时空演化规则流程图

8.3 MATLAB程序

8.3.1 清空环境变量

在程序运行之前，先清除工作区（Workspace）中的变量及命令行窗口（Command Window）中的命令，具体程序如下：

```
%% 清空环境变量
clear all
clc
```

8.3.2 导入shp格式的数据文件

将在ArcGIS中处理好的驱动因素数据和标签数据导入MATLAB中，各驱动因素详细说明如表8-1所示。

驱动因素表   表8-1

大类	小类	大类	小类
自然因素	坡度	区位因素	与火车站的距离
	坡向		与一级道路的距离
	地形起伏度		与二级道路的距离
区位因素	与市中心的距离		与三级道路的距离
	与行政中心的距离	人口经济因素	人口密度
	与飞机场的距离		地区生产总值

具体程序如下：

```
%% II. 导入数据
info = shapeinfo ('BP实验1.shp'); %读取shp文件信息投影或地理信息
SHP= shaperead ('BP实验1.shp'); % 读取shp文件
ss1=rmfield (SHP, 'Geometry'); %删除掉结构体元素：Geometry
ss1=rmfield (ss1, 'BoundingBox'); %删除掉结构体元素：BoundingBox
ss2 = struct2cell (ss1); %由于S1是一个113489*1的结构体，不好操作，需要把它转成元胞数组cell
%% 将shp中的有效数据转化为矩阵提取出来
ss3=cell2mat (ss2 (3: 17, :)); %将元胞数组转换为矩阵
[rw, cl]=find (ss3 (15, :) >0); %获取标签大于0的格子在矩形shp中的行列位置
ss4=ss3 (:, cl); %根据上一步获取到的位置，将研究区数据从矩形shp中提取出来
```

8.3.3　随机抽样产生训练集、验证集、测试集

所有样本数据都存储在S2文件中，共有369768个样本量，取258836个样本作为训练集，剩下的110932个样本作为测试集；具体程序如下：

```
%% 分层随机抽样
% 1.随机产生训练集和测试集
rowrank = randperm (size (ss4, 2)) ;   % size获得S2的列数，randperm打乱各列的顺序
b1 = ss4 (:, rowrank) ;   % 按照rowrank重新排列各列
b1 = b1';

labels = b1 (:, end) ;   % 获取样本数据中的标签列
trainx=[];   % 定义训练集
testx=[];   % 定义训练集之外的数据集
scala = 0.10;   % 每一类中，训练集抽取的比例为scala
for label=1: length (unique (labels))   %从1到labels的标签类别数值中选取数，从1开始，每次跳转1
cate = find (labels==label) ;   %将标签列中label类用地在标签列中的序号抽取出来
half = int32 (length (cate) *scala) ;   %将当前label用地的数量乘以抽样比例再取整，即是label类用地
%的抽样数量
traindata = cate (randperm (length (cate) , half)) ;   %结合抽样数量，将label类用地在标签列中的序号
%随机抽取出来
test = setdiff (cate, traindata) ;   %将上一步未被抽取到的序号提取出来
trainx = [trainx; b1 (traindata, 1: end) ];   %根据提取的序号将训练集数据提取出来
testx = [testx; b1 (test, 1: end) ];   %根据提取的序号将训练集数据之外的数据提取出来
end
trainx=trainx'
testx=testx'
rowrank = randperm (size (trainx, 2)) ;   % 随机排列训练集
trainxx = trainx (:, rowrank) ;
rowrank = randperm (size (testx, 2)) ;   % 随机排列训练集之外的数据集
train_xx = testx (:, rowrank) ;

%% 生成训练集、验证集和测试集
% 1.训练集
train_matrix = trainxx (1: 14, :) ;   %提取训练集中1到16行的数据作为X
train_label = trainxx (15, :) ;   %提取训练集中第17行的标签值
% 按比例划分验证集和测试集
xv=round ((size (train_xx, 2)) *0.2) ;   %根据比例计算验证集的样本量
verify=train_xx (:, 1: xv) ;   %提取验证集数据
testx=train_xx (:, xv+1: end) ;   %提取测试集数据
% 2.验证集
verify_matrix = verify (1: 14, :) ;   %提取验证集中1到16行的数据作为X
verify_label = verify (15, :) ;   %提取验证集中第17行的标签值
% 3.测试集
test_matrix =testx (1: 14, :) ;   %提取测试集中1到16行的数据作为X
test_label =testx (15, :) ;   %提取测试集中第17行的标签值
```

```
%% III. 数据归一化
Train_matrix=mapminmax (train_matrix, 0, 1) ;   %训练集数据所有X归一化
Verify_matrix=mapminmax (verify_matrix, 0, 1) ;   %验证集数据所有X归一化
Test_matrix=mapminmax (test_matrix, 0, 1) ;   %测试集数据所有X归一化

%输出分类标签实现one-hot
train_label1=eye (max (train_label)) ;   %提取训练集标签值的最大值，最大值即是标签的类别数量，
%然后生成一个主对角线元素为1且其他位置元素为0和行列数等于标签类别数量的矩阵
Train_label_one_hot=train_label1 (train_label,: ) ;   %生成标签数值那一列为1、其余列为0的矩阵
%作为训练集的Y
verify_label1=eye (max (verify_label)) ;   %提取验证集标签值的最大值，最大值即是标签的类别数
%量，然后生成一个主对角线元素为1且其他位置元素为0和行列数等于标签类别数量的矩阵
Verify_label_one_hot=verify_label1 (verify_label,: ) ;   %生成标签数值那一列值为1、其余列值为0的
%矩阵作为验证集的Y
test_label1=eye (max (test_label)) ;   %提取测试集标签值的最大值，最大值即是标签的类别数量，然
%后生成一个主对角线元素为1且其他位置元素为0和行列数等于标签类别数量的矩阵
Test_label_one_hot=test_label1 (test_label,: ) ;   %生成标签数值那一列值为1、其余列值为0的矩阵作
%为测试集的Y
```

8.3.4　运用训练集数据计算出最佳初始权值、阈值

运用训练集数据计算出最佳初始权值、阈值的代码，整个运行过程为：

```
%% II. 声明全局变量
global p   % 训练集输入数据
global t   % 训练集输出数据
global S1   % 隐含层神经元个数
S1 = 10;
%% III. 导入数据
% 1. 训练数据
p = Train_matrix;   %训练集输入层数据
t = Train_label_one_hot';   %训练集输出层数据
% 2. 验证数据
P_verify = Verify_matrix;   %验证集输入层数据
T_verify = Verify_label_one_hot';   %验证集输出层数据
%% 使用训练集对神经网络进行训练
%% 1. 创建神经网络
net = newff (minmax (p), [S1, 6], {'tansig', 'purelin'}, 'traingda') ;   %创建一个隐含层神经元个数为S1,
%输出层神经元个数为6，转换函数分别是tansig和purelin函数，训练函数为traingda函数的神经网络
% 2. 设置训练参数
net.trainParam.show = 10;   %显示频率，每训练10次显示一次
net.trainParam.epochs = 500;   %训练次数
net.trainParam.goal = 1.0e-4;   %目标误差
net.trainParam.lr = 0.0001;   %学习率
% 3. 网络训练
[net, tr] = train (net, p, t);   %训练神经网络，（net, p, t）里net是初始网络，p、t分别是训练集的输入、输出数据
```

```
% 4. 仿真测试
s_bp = sim (net, P_verify)   %运用验证集数据对训练好的神经网络进行仿真测试
BPoutputv= mapminmax (s_bp, 0, 1) ;   %将验证集神经网络输出结果归一化至0到1的范围
%提取训练好的神经网络的最佳权值、阈值
W1=net.IW{1, 1} ;   %输入层和隐含层之间的权值
W2=net.LW{2, 1} ;   %隐含层和输出层之间的权值
B1=net.b{1} ;   %隐含层神经元阈值
B2=net.b{2} ;   %输出层神经元阈值
```

8.3.5　检验精度，输出最佳初始权值、阈值

检验精度，输出最佳初始权值、阈值的代码，整个运行过程为：

```
%% 验证集精度
%% 混淆矩阵
[mv, lable_prev] = max (BPoutputv) ;   %求验证集输出概率矩阵每一列的最大值及所在的行数，行数
%即是用地类型标签，作为验证集模拟结果
%利用混淆矩阵将验证集输出结果和实际结果进行对比，生成一个行列数与用地类型数量相等的矩
%阵，对角线上数量越多，验证集输出标签等于实际标签的样本量越多，验证集预测精度越高
confusev = confusionmat (verify_label,lable_prev) ;
% 精度检验
pev = 0;
nv=0;
for iv = 1:6
    pev1 (iv) =sum (confusev (iv, : )) *sum (confusev (:, iv)) ;   %验证集每一类用地的真实类型数量和
%预测类型数量相乘
    nv = nv+confusev (iv, iv) ;   %计算正确预测样本数量
end
pev =sum (pev1) /sum (confusev (: )) ^2;   %验证集每一类用地真实类型数量和预测类型数量累积和
%除以总样本数量的平方
p0v = nv/sum (confusev (: )) ;   %验证集正确预测样本数量除以总样本数量
kv = (p0v−pev) / (1−pev) ;   %验证集Kappa系数

%% 测试集检验泛化能力
s_bpt = sim (net, Test_matrix)   %运用测试集数据对训练好的神经网络进行仿真测试
BPoutputt= mapminmax (s_bpt, 0, 1) ;   %将测试集神经网络输出结果归一化至0到1的范围
%% 验证集精度
%% 混淆矩阵
[mt, lable_pret] = max (BPoutputt) ;   %求测试集输出概率矩阵每一列的最大值及所在的行数，行数
%即是用地类型标签，作为测试集模拟结果
%利用混淆矩阵将测试集输出结果和实际结果进行对比，生成一个行列数与用地类型数量相等的矩
%阵，对角线上数量越多，测试集输出标签等于实际标签的样本量越多，测试集预测精度越高
confuset = confusionmat (test_label,lable_pret) ;
% 精度检验
pet = 0;
nt=0;
```

```
for it = 1: 6
pet1 (it) =sum (confuset (it, : )) *sum (confuset (:, it)) ;    %测试集每一类用地真实类型数量和预测类型
%数量相乘
nt = nt+confuset (it, it) ;    %计算正确预测样本数量
end
pet =sum (pet1) /sum (confuset (: )) ^2;    %测试集每一类用地真实类型数量和预测类型数量累积和除
%以总样本数量的平方
p0t = nt/sum (confuset (: )) ;    %测试集正确预测样本数量除以总样本数量
kt = (p0t−pet) / (1−pet) ;    %测试集Kappa系数
```

%% 总体精度
%% 将所有样本代入计算总体精度
```
total_matrix =ss4 (1: 14, : ) ;    %提取总样本数据集中1到16行的数据作为X
total_label =ss4 (15, : ) ;    %提取总样本数据集中第17行的标签值
```
%% III. 数据归一化
```
Total_matrix= mapminmax (total_matrix, 0, 1) ;    %将总样本数据的X归一化至0到1
%输出分类标签，实现one-hot
total_label1=eye (max (total_label)) ;    %提取总样本数据集标签值的最大值，最大值即是标签的类型
%数量，然后生成一个主对角线元素为1且其他位置元素为0和行列数等于标签类型数量的矩阵
Total_label_one_hot=total_label1 (total_label,: ) ;    %生成标签数值那一列值为1、其余列值为0的矩阵作
%为总样本数据的Y
s_bpT = sim (net, Total_matrix)    %运用总样本数据集对训练好的神经网络进行仿真测试
BPoutputT= mapminmax (s_bpT, 0, 1) ;    %将总样本数据集神经网络输出结果归一化至0到1的范围
```
%% 验证集精度
%% 混淆矩阵
```
[mT, lable_preT] = max (BPoutputT) ;    %求总样本数据集输出概率矩阵每一列的最大值及所在的行
%数，行数即用地类型标签，作为测试集模拟结果
%利用混淆矩阵将总样本数据集输出结果和实际结果进行对比，生成一个行列数与用地类型数量相等
%的矩阵，对角线上数量越多，总样本数据集输出标签等于实际标签的样本量越多，总体预测精度越高
confuseT = confusionmat (total_label, lable_preT) ;
```
% 精度检验
```
peT = 0;
nT=0;
for iT = 1: 6
peT1 (iT) =sum (confuseT (iT, : )) *sum (confuseT (:, iT)) ;    %总样本数据集每一类用地真实类型数量
%和预测类型数量相乘
nT = nT+confuseT (iT, iT) ;    %计算正确预测样本数量
end
peT =sum (peT1) /sum (confuseT (: )) ^2;    %总样本数据集每一类用地真实类型数量和预测类型数量
%累积和除以总样本数量的平方
p0T = nT/sum (confuseT (: )) ;    %总样本数据集正确预测样本数量除以总样本数量
kT = (p0T−peT) / (1−peT) ;    %总样本数据集Kappa系数
```
%% 将训练好的神经网络的最佳权值阈值导出
```
xlswrite ('D: \XXX\综合概率\comprehensive\权值阈值\分层抽样优化权值阈值2011新值0.58.xlsx', W1, 1)
xlswrite ('D: \ XXX\综合概率\comprehensive\权值阈值\分层抽样优化权值阈值2011新值0.58.xlsx', W2, 2)
xlswrite ('D: \ XXX\综合概率\comprehensive\权值阈值\分层抽样优化权值阈值2011新值0.58.xlsx', B1, 3)
xlswrite ('D: \ XXX\综合概率\comprehensive\权值阈值\分层抽样优化权值阈值2011新值0.58.xlsx', B2, 4)
```

8.3.6　利用训练好的权值、阈值进行计算

经过训练和检验，得到最终的代码，整个运行过程为：

```
%% I.神经网络部分
%% 1.导入最佳权值和阈值
W1=xlsread ('优化权值阈值2011新值0.47.xlsx', 'sheet1') ;    %导入神经网络输入层至隐含层之间的权值
W2=xlsread ('优化权值阈值2011新值0.47.xlsx', 'sheet2') ;    %导入神经网络隐含层至输出层之间的权值
B1=xlsread ('优化权值阈值2011新值0.47.xlsx', 'sheet3') ;    %导入神经网络隐含层阈值
B2=xlsread ('优化权值阈值2011新值0.47.xlsx', 'sheet4') ;    %导入神经网络输出层阈值
%% 2.将shp中的有效数据转化为矩阵提取出来
[rw, cl]=find (ss3 (15, : ) >0) ;
ss4=ss3 (:, cl) ;
%% 3.将输入层和输出层数据分别提取出来
Input=ss4 (1: 14, : ) ;
Output=ss4 (15, : ) ;
%% 4.数据归一化
Input=mapminmax (Input, 0, 1) ;
%输出分类标签实现one-hot
Output_label=eye (max (Output)) ;
Output_label_one_hot=Output_label (Output, : ) ;
%% 5.声明全局变量
global p    % 输入层数据
global t    % 输出层数据
global S1   % 隐含层神经元个数
S1 = 8;
p = Input;
t = Output_label_one_hot;
%% 6.创建神经网络
% 网络创建%net=newff (minmax (P) , [hiddennum, outputnum], {'tansig', 'logsig'}, 'trainlm') ;
net = newff (minmax (p) , [S1, 6], {'tansig', 'purelin'}, 'trainlm') ;
% 赋值给神经网络
net.IW{1, 1} = W1;
net.LW{2, 1} = W2;
net.b{1} = B1;
net.b{2} = B2;
%% 7.利用优化权值和阈值进行计算
result = sim (net, p) ;
BPoutput= mapminmax (result, 0, 1) ;
```

8.4　延伸阅读

1. 传递函数

BP神经网络在隐含层与输出层之间分别使用了logsig和tansig激活函数（又称传递函数）。logsig的输入值可取任意值，输出值在0和1之间；tansig的输入值可取任意

值，输出值在−1到+1之间；但是两者的精度并无明显区别。输出层与模型土地利用转移概率之间使用线性传递函数purelin，该函数的输入与输出值可取任意值。

2. 训练函数

BP神经网络分别使用了traingd、traingdm、traingda、traingdx、trainrp、traincgf、traincgp、trainbfg和trainlm 9个训练函数进行测试。其中traingdm和traingda表现最好，精度和训练速度都优于其他函数。为改变抽样比例，分别使用了随机抽样、随机等比抽样和随机等量抽样三种方式，抽取训练数据进行训练，与抽样方式对应的测试集和验证精度如表8-2所示。

不同抽样方式的测试集与验证集精度表　　　　　　表8-2

抽样方式	抽样比例/数量	测试集精度	验证集精度
随机抽样	10%	0.45	0.5511
随机等比抽样	6%	0.47	0.2989
	50%	0.55	0.5965
	>50%	0.58	0.5974
随机等量抽样	每一类各2000个	0.62	0.3757
	每一类各1000个	0.51	0.2799
	每一类各5000个	0.65	0.40
	每一类各10000个	0.67	0.4362

参考文献

［1］KALNAY E, CAI M. Impact of urbanization and land-use change on climate [J]. Nature, 2003, 423: 528-531.

［2］DU S Q, ROMPAEY A V, SHI P J, et al. A dual effect of urban expansion on flood risk in the Pearl River Delta (China) revealed by land-use scenarios and direct runoff simulation [J]. Natural hazards, 2015, 77 (01): 111-128.

［3］HOEKSTRA A Y, WIEDMANN T O. Humanity's unsustainable environmental footprint [J]. Science, 2014, 344 (6188): 1114-1117.

［4］RUAN X F, QIU F, DYCK M. The effects of environmental and socioeconomic factors on land-use changes: a study of Alberta, Canada [J]. Environmental monitoring and assessment，2016，188（08）：446.

［5］LAMBIN E F，TURNER B L，GEIST H J，et al. The causes of land-use and land-cover change：moving beyond the myths［J］. Global environmental change，2001，11（04）：261-269.

［6］HOUGHTON R A，BOX P O，HOLE W，et al. Temporal patterns of land-use change and carbon storage in China and tropical Asia［J］. Science in China（Series C：Life sciences），2002：10-17.

［7］KLEEMANN J，BAYSAL G，BULLEY H N N，et al. Assessing driving forces of land use and land cover change by a mixed-method approach in north-eastern Ghana，West Africa［J］. Journal of environmental management，2017，196：411-442.

［8］魏云洁，甄霖，刘雪林，等. 1992—2005年蒙古国土地利用变化及其驱动因素［J］. 应用生态学报，2008，19（09）：1995-2002.

［9］姜楠，贾宝全，宋宜昊. 基于Logistic回归模型的北京市耕地变化驱动力分析［J］. 干旱区研究，2017，34（06）：1402-1409.

［10］刘晓涵. 陕西省延安市土地利用/覆被变化及驱动力研究［D］. 北京：北京林业大学，2020.

［11］姚远，丁建丽，赵振亮. 快速城市化背景下的乌鲁木齐市土地利用变化人文驱动力定量研究［J］. 干旱区资源与环境，2012，26（10）：132-137.

［12］马礼，唐毅，牛东宇. 北方农牧交错带耕地面积变化驱动力研究——以沽源县近15年为例［J］. 人文地理，2008，23（05）：17-21.

［13］吴美琼，陈秀贵. 基于主成分分析法的钦州市耕地面积变化及其驱动力分析［J］. 地理科学，2014，34（01）：54-59.

［14］潘竟虎，苏有才，黄永生，等. 近30年玉门市土地利用与景观格局变化及其驱动力［J］. 地理研究，2012，31（09）：1631-1639.

［15］谢花林，李波. 基于logistic回归模型的农牧交错区土地利用变化驱动力分析——以内蒙古翁牛特旗为例［J］. 地理研究，2008，27（02）：294-304.

第 9 章

基于神经网络的CA——大尺度城市空间格局演变模拟

9.1 理论基础

9.1.1 元胞自动机的概念

元胞自动机（Cellular Automata，CA），最早由美籍匈牙利数学家、计算机科学家约翰·冯·诺依曼（John von Neumann）于20世纪50年代提出。他首先提出自我复制是生命系统所独有的特征，并在由许多元胞构成的时空离散的框架下，处理自身复制问题。[1]冯·诺依曼将这个时空离散的动力系统称为元胞自动机，元胞空间中的每个元胞都具有其内在状态，并且是由有限个离散值组成。只要遵循相同的简单规则，就可以计算出元胞在另一个新时刻的内在状态；并且每个元胞的状态只随局部邻近元胞的状态而变化，反映近距离内元胞之间的相互作用。在同样的规则下，每个元胞同步更新，大量的元胞通过简单的交互作用推动系统的动态演变。

9.1.2 元胞自动机的构成

元胞自动机模型主要由元胞、元胞空间、元胞邻域、转换规则和时间5部分构成。参考前人的研究成果，元胞的状态函数可以表达为：

$$CA = \left(A^N, \sum, f, E \right) \tag{9-1}$$

式中：A——元胞空间，是覆盖整个研究区的网格空间，每个网格单元就是一个元胞；

$\quad$ N——元胞空间的维度；

$\quad$ A^N——一维或者二维空间；

$\quad$ $\sum$——元胞有限个离散的状态集；

$\quad$ f——元胞状态的转换规则；

$\quad$ E——边界条件。

1. 元胞及其状态

元胞是CA最基本的组成，又称为单元或者基元。元胞分布在离散的一维或多维欧几里得空间（Euclidean Space，又称欧氏空间）网格点上，存储元胞的状态信息。严格来说，元胞只能有一个状态变量；但在模型的实际应用中，往往将其进行扩展，每个元胞都有可能成为离散性的状态集。

2. 元胞空间

元胞空间是元胞在空间中分布的网点集合。在理论上，元胞空间可以划分为任意维数的欧氏空间。目前，集中于处理一维和二维数学空间。一维的元胞空间划分只有一种类型，二维的元胞空间可以划分为三角形、四边形、六边形三种网格排列类型。其中，三角形网格的优点是相对简单、邻居数目较少，缺点是计算机表达和显示相对困难，还需转换为四边形网格；与三角形网格相比，四边形网格具有更加直观、简单的优点，更适合在现有计算机条件下进行表达和显示，但在模拟各向同性方面有所欠缺；六边形网格进一步解决了模拟各向同性的问题，因此模拟精度较高，缺点是计算机的表达和显示较为困难、复杂。

关于边界条件的定义，从理论上来说，元胞空间在不同维向上是无限延展的；然而这只是一种理想条件，实际无法在计算机中实现。因此，在应用中，需要定义不同的边界条件。元胞的边界条件可归纳为周期型、反射型、定值型三类；有时为了更加客观、自然地模拟实际现象，还可能采用随机型，即实时产生边界条件的随机值。

3. 邻域

某一元胞状态所要搜索的空间域称为此元胞的邻域。元胞及元胞空间仅表达了整个系统的静态成分，只有加入演化规则，才能将动态引入系统。元胞自动机的规则是定义在局部范围的，即一个元胞在下一个时刻的状态不但取决于其自身的状态，还和邻域元胞的状态有关。因此，在确定规则前，需要定义邻域大小，明确哪些元胞属于邻域。一维的元胞自动机通常用半径r来定义邻域，凡半径以内的元胞均为该元胞的邻域；二维元胞自动机的邻域界定比一维邻域复杂，一般可划分为下述4类（图9-1）。

（1）冯·诺依曼（von Neumann）型

一个元胞上、下、左、右相邻的4个元胞称为其邻域；邻域半径 $r=1$，表示图像计算中的四邻域、四方向。

（2）摩尔（Moore）型

一个元胞上、下、左、右、左上、左下、右上、右下相邻的8个元胞称为其邻域；邻域半径$r=1$，表示图像计算中的八邻域、八方向。

（3）扩展摩尔型

如果将摩尔型邻域的半径r扩大到2或者2以上，就得到了扩展摩尔型邻域。

（4）马哥勒斯（Margolus）型

马哥勒斯型是一种同上述邻域模型截然不同的类型，它不是考虑单一元胞，而是

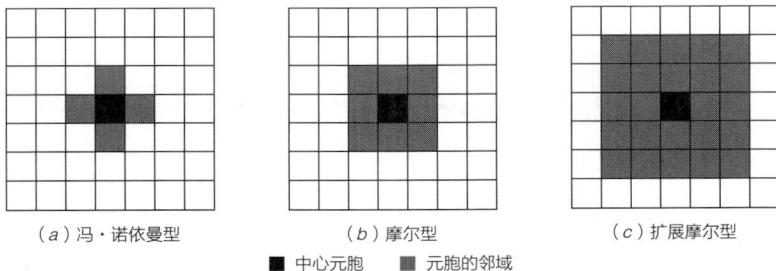

| （a）冯·诺依曼型 | （b）摩尔型 | （c）扩展摩尔型 |

■ 中心元胞　　■ 元胞的邻域

图9-1 元胞自动机邻域类型图

把相邻的2×2个元胞作为整体的单元块。元胞状态更新时，只依据该单元块的状态发生演变，与邻近单元的元胞状态无直接联系；即元胞只与左上、右上、左下、右下的邻域状态有关。将空间进行分块的方法，能有效降低规则的复杂性，同时还能防止远距离影响的发生。[2]

4. 转换规则

转换规则，即根据元胞当前时刻的状态及其邻域状态，确定下一时刻元胞状态的转移函数。将一个元胞的所有可能状态，连同决定该元胞状态变换的规则统称为一个变换函数。转换规则是元胞自动机的核心，集中体现了空间实体间的交互作用，决定了元胞自动机的动态转化进程；只有加入转换规则，CA模型才能模拟各种复杂现象；其表达式为：

$$f : S_i^t = f\left(S_i^t, S_N^t\right) \tag{9-2}$$

式中：S_N^t——t时刻的邻域状态组合；

　　　f——元胞的局部映射函数或局部规则。

5. 时间

元胞自动机是一个不断演变的动态系统，即在时间维度上的变化是呈离散状的。时段t是一个连续且等间距的整数值。假设时间间距$d_t=1$，设$t=0$为初始时刻，$t=1$为其下一时刻；在上述转换函数中，一个元胞在$t+1$时刻的状态只由t时刻该元胞及其邻域的状态所决定。

9.2 案例背景

9.2.1 问题描述

地球上的土地覆被及其人为开发是人类活动与自然环境之间的重要联系。自工业时代以来，土地利用及土地覆被变化（LUCC）通过推动地表的能量回收和物质交换，在促进区域和全球气候变化方面发挥着至关重要的作用。[3]人类参与的LUCC，如森林过度开发、农业集约化和城市化，不仅通过增加温室气体排放加速全球变暖[4,5]，而且在全球范围内普遍造成不可逆转的生物多样性损失。[6,7]快速的城市扩张和社会经济发展加剧了人类与环境相互作用的紧张关系。[8,9]2007年世界上超过50%的人口生活在城市地区；到2050年，这个数字可能会达到约70%。[10]

作为一种有效且可重复的模拟工具，时空LUCC模型能够揭示社会经济与自然环境驱动力共同作用下未来景观的替代过程及其潜在后果。[11,12]联系和反馈的复杂结构将通过模型的模拟来解决，以预测未来的土地利用轨迹，并支持未来的土地利用政策制订。[13-15]元胞自动机是模拟LUCC空间演化的常用方法，它根据像素的初始状态、周围的邻域效应和一组过渡规则来估计像素的状态。CA模型虽然非常简单，但可以生成丰富的模式，并能有效地表示非线性空间随机LUCC过程。自21世纪初以来，已有大量研究将CA模型应用于城市扩张与土地利用模拟之中。[16-18] 通过正确定义转化规则，城市CA模型具有较强的模拟城市系统时空复杂性的能力。然而，大多数模型只能模拟单个土地利用的动态，而在多数情况下，不同的LUCC过程同时发生并相互影响。因此，多个LUCC模拟对于确定未来土地利用的现实模式更加有效。由于不同土地利用之间的相互作用和竞争，在一个CA模型中进行多个LUCC模拟具有挑战性，这不可避免地会导致对过渡规则的定义非常复杂、不同土地利用类型之间复杂的相互作用以及竞争没有得到很好的探索。目前的大多数研究只是单独估计各个土地利用类型的概率，并将最高值分配给土地网格，例如ANN–CA[19] 和CLUE–S系列模型。此外，气候变化在长期土地利用模式中的作用，在这些模型中没有得到很好的解决。

现以绵阳市城市建成区为研究范围，将该区域用地划分为100m × 100m的网格，运用BP神经网络，结合元胞自动机，对城市空间格局演变进行模拟。

9.2.2　解题思路及步骤

根据BP神经网络计算出与驱动因素相关的城市用地转移概率，结合元胞自动机中的邻域效应，得到城市用地转换的综合概率。选取转化为6类用地概率中的最大值，作为元胞下一时刻的用地属性，具体流程见图9–2。

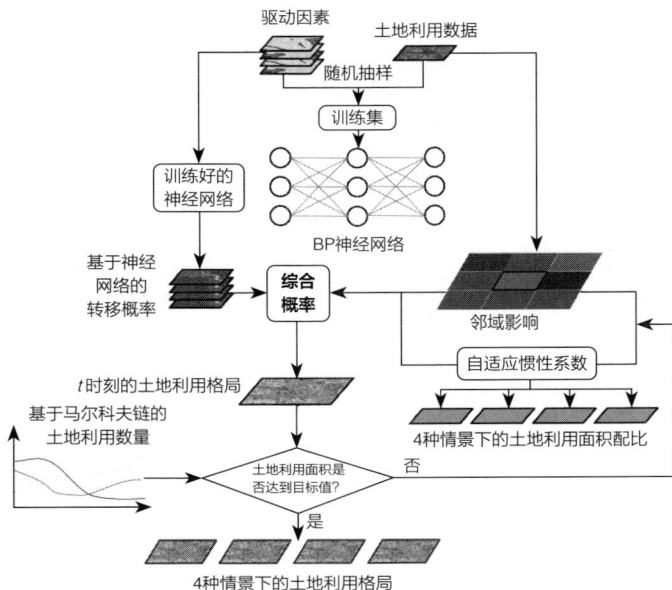

图9-2　城市空间格局模拟流程图

9.3　MATLAB程序

9.3.1　清空环境变量

在程序运行之前，先清除工作区（Workspace）中的变量及命令行窗口（Command Window）中的命令，具体程序如下：

```
%% 清空环境变量
clear all
clc
```

9.3.2　导入模拟所需的数据文件

```
%% 导入数据
info = shapeinfo ('20112.shp') ;　%读取shp文件信息投影或地理信息
SHP= shaperead ('20112.shp') ;　% 读取shp文件
ss1=rmfield (SHP, 'Geometry') ;　%删除掉结构体元素：Geometry
ss1=rmfield (ss1, 'BoundingBox') ;　%删除掉结构体元素：BoundingBox
ss2 = struct2cell (ss1) ;　%由于s1是一个162048*1的结构体，不好操作，需要把它转成元胞数组cell
ss3 = cell2mat (ss2 (3: 17, :)) ;　%将元胞数组转换为矩阵
s3 = ss3 (15, :) ;　%邻域统计标签字段单独提取
Dlandp1=[0.625 0.038 0.174 0.074 0.056 0.033];　%当前各类土地的数量占比
Dlandp2=[0.544 0.042 0.164 0.103 0.114 0.034];　%目标各类土地的数量占比
DrivA=1.5;　%初始自适应惯性系数
DrivAt_2=Dlandp2 (1, 1) –Dlandp1 (1, 1) ;　%初始自适应惯性系数
DrivIS=1.2;　%初始自适应惯性系数
DrivISt_2=Dlandp2 (4, 1) –Dlandp1 (4, 1) ;　%初始自适应惯性系数
```

9.3.3　基于神经网络的转移概率

选取三层BP神经网络——输入层、隐含层、输出层——各一层。输入层神经元个数为14，分别是包括自然因素、区位因素和人口经济因素在内的13个驱动因素以及历史土地利用类型。输出层神经元个数为6，分别对应6个土地利用类型。隐含层神经元个数在1～20范围内进行逐一测试；最后经过训练和检验，个数为8或10的时候，精度和泛化能力是相对较高的。通过神经网络计算，网格单元转化为各类用地的转移概率可以定义为：

$$P_{(p, k)} = \sum_j w_{j, k} \times \frac{1}{1 + e^{-\mathrm{net}_j (p)}} \tag{9-3}$$

式中：$w_{j, k}$——隐含层和输出层之间的自适应权值，它在训练过程中被校准。

在使用训练数据集对 $w_{j,k}$ 进行训练和校准后，建立了ANN模型。该模型可用于估计特定网格单元转化为每一类用地的转移概率。

```
%% I.神经网络部分
%% 1.导入最佳权值和阈值
W1=xlsread ('优化权值阈值2011新值0.47.xlsx', 'sheet1') ;   % 导入神经网络输入层至隐含层之间的权
%值
W2=xlsread ('优化权值阈值2011新值0.47.xlsx', 'sheet2') ;   % 导入神经网络隐含层至输出层之间的权
%值
B1=xlsread ('优化权值阈值2011新值0.47.xlsx', 'sheet3') ;   % 导入神经网络隐含层阈值
B2=xlsread ('优化权值阈值2011新值0.47.xlsx', 'sheet4') ;   % 导入神经网络输出层阈值
%% 2.将shp中的有效数据转化为矩阵提取出来
[rw, cl]=find (ss3 (15, : ) >0) ;
ss4=ss3 (:, cl) ;
%% 3.将输入层和输出层数据分别提取出来
Input=ss4 (1: 14, : ) ;
Output=ss4 (15, : ) ;
%% 4.数据归一化
Input=mapminmax (Input, 0, 1) ;
%输出分类标签实现one-hot
Output_label=eye (max (Output)) ;
Output_label_one_hot=Output_label (Output, : ) ;
%% 5.声明全局变量
global p   % 输入层数据
global t   % 输出层数据
global S1   % 隐含层神经元个数
S1 = 8;
p = Input;
t = Output_label_one_hot;
%% 6.创建神经网络
net = newff (minmax (p), [S1, 6], {'tansig', 'purelin'}, 'trainlm') ;
% 赋值给神经网络
net.IW{1, 1} = W1;
net.LW{2, 1} = W2;
net.b{1} = B1;
net.b{2} = B2;
%% 7.利用优化权值和阈值进行计算
result = sim (net, p) ;
BPoutput= mapminmax (result, 0, 1) ;
% BPoutput= result;
```

9.3.4　结合元胞自动机的综合转移概率

1. CA部分

元胞自动机（CA）中的邻域效应与传统CA模型相似，主要体现城市中各邻里之间的自组织性，发挥模型中自下而上影响城市中土地利用转化的效能。在特定网格单

元p处，土地利用类型k的邻域转移概率可以定义为：

$$\Omega_{p,k}^{\mathrm{t}} = \frac{\sum_{N \times N} \mathrm{con}\left(c_p^{\mathrm{t-1}} = k\right)}{N \times N - 1} \tag{9-4}$$

式中：$\sum_{N \times N} \mathrm{con}\left(c_p^{\mathrm{t-1}} = k\right)$——在上一次迭代时间$t-1$时，土地利用类型$k$在$N \times N$窗口

内占用的网格单元总数。

本研究主要是计算在3×3邻域范围内，中心元胞转化为邻域各用地类型的可能性。

2. 自适应惯性系数

在模型中采用自适应惯性和竞争机制，可以增强模型模拟土地利用变化的随机性和不确定性，加强土地利用需求的"自上而下"效应与地方规模竞争的"自下而上"效应之间的联系。[20]在该机制中，根据某一类目标土地利用需求与当前土地利用量（迭代变化）的差异，定义自适应惯性系数，从而自动调整城市用地在每个网格单元上的继承性，该系数的定义如下：

$$\mathrm{Driv}_k^{\mathrm{t}} = \begin{cases} \mathrm{Driv}_k^{\mathrm{t-1}} & if \ \left|D_k^{\mathrm{t-1}}\right| \leq \left|D_k^{\mathrm{t-2}}\right| \\ \mathrm{Driv}_k^{\mathrm{t-1}} \times \dfrac{\left|D_k^{\mathrm{t-2}}\right| + 1}{\left|D_k^{\mathrm{t-1}}\right| + 1} & if \ 0 > D_k^{\mathrm{t-2}} > D_k^{\mathrm{t-1}} \\ \mathrm{Driv}_k^{\mathrm{t-1}} \times \dfrac{\left|D_k^{\mathrm{t-1}}\right| + 1}{\left|D_k^{\mathrm{t-2}}\right| + 1} & if \ D_k^{\mathrm{t-1}} > D_k^{\mathrm{t-2}} > 0 \end{cases} \tag{9-5}$$

式中：$\mathrm{Driv}_k^{\mathrm{t}}$——迭代时间$t$时土地利用类型$k$的惯性系数；

$D_k^{\mathrm{t-1}}$——在迭代时间$t-1$之前，k类用地的目标需求与当前土地利用分配量之间的差异，每一类用地对应一个$\mathrm{Driv}_k^{\mathrm{t}}$值。

由式（9-5）可知，惯性系数根据以下三种情况来定义。

（1）如果特定土地利用类型k的发展趋势满足宏观需求，即$\left|D_k^{\mathrm{t-1}}\right| \leq \left|D_k^{\mathrm{t-2}}\right|$，则迭代时间$t$的惯性系数将保持不变。

（2）如果特定土地利用类型k的宏观需求小于当前分配量，即$0 > D_k^{\mathrm{t-2}} > D_k^{\mathrm{t-1}}$，说明土地利用类型$k$的发展趋势与宏观需求相矛盾且越来越多，则迭代时间$t$的惯性系数可通过将之前的系数乘以$\dfrac{\left|D_k^{\mathrm{t-2}}\right| + 1}{\left|D_k^{\mathrm{t-1}}\right| + 1}$，来减小$\mathrm{Driv}_k^{\mathrm{t}}$值。

（3）如果特定土地利用类型k的宏观需求大于当前分配量，即$D_k^{\mathrm{t-1}} > D_k^{\mathrm{t-2}} > 0$，说明土地利用类型$k$的发展趋势与宏观需求相矛盾且越来越少，则迭代时间$t$的惯性系数

可通过将之前的系数乘以 $\dfrac{\left|D_k^{t-1}\right|+1}{\left|D_k^{t-2}\right|+1}$，来增大 Driv_k^t 值。

通过在CA迭代中动态调整所有土地利用类型的惯性系数，不同土地利用类型的分配相互竞争，导致所有土地利用分配与宏观土地利用需求相匹配。

3. 限制因素

考虑到转换成本，水域和城市用地转换为其他用地的成本是很高的，因此应限制水域和城市用地转出。具体措施为在迭代之前先获取水域和城市用地的位置数据，在每一次迭代完成之后，再将水域和城市用地插入新的数据之中；最后计算当前量与目标量之间的差值。

4. 综合概率

综合计算神经网络、邻域效应和自适应惯性系数三个部分的概率，通过以下公式计算得出特定网格转换为各类用地的综合概率：

$$TP_{p,k}^t = \left(P_{(p,k)} + \Omega_{p,k}^t\right) \times \mathrm{Driv}_k^t \times \mathrm{con}_{c \to k} \tag{9-6}$$

上述步骤的具体代码和运行过程为：

```
%% Ⅱ.邻域统计
%% 1.计算每一行和列有多少格子
while Dlandp1 (1, 1) <Dlandp2 (1, 1) ‖Dlandp1 (1, 1) >0.6
    s2=ss2';
    X1= s2{1, 1} (1) ;   %左下角点
    Y1= s2{1, 2} (1) ;
    Xend=s2{size (s2, 1) , 1} (3) ;   %右上角点
    Yend=s2{size (s2, 1) , 2} (3) ;

    countX=round ((Xend−X1) /100) ;   %以100m为间隔
    countY=round ((Yend−Y1) /100) ;
    %位移变量
    MoveX = [−1 0 1; −1 0 1; −1 0 1];
    MoveY=[1 1 1; 0 0 0; −1 −1 −1];
    ClassCount = [];   %为每个格子记录邻居格子的标签统计结果（不统计中间格子），奇数列表示
%标签1-6，偶数列表示前一个标签的频数，−1表示当前格子的标签为0，不考虑
    %% 2.统计标签数
    for i=1: size (s2, 1)
        for t1= 1: 12
            ClassCount (i, t1) =−1;
        end
        if s3 (1, i) ==0   %如果当前格子的标签为0，则为无效格子，不需考虑
            continue;
        end
```

```
        %确定当前记录的在矩阵中的x, y坐标
        x=mod (i, countX) ;
        if x==0
            x=countX;
        end
        y=ceil (i/countX) ;
        neigblist=[];    %第一列存储当前格子的邻居格子在s2列表中的序号，第二列存储邻居格子
%相应的标签
        for j=1: 3
            for k=1: 3
                if j==2&&k==2    %中心格子，即当前格子不在统计之列
                    continue;
                end
                xx = x+MoveX (j, k) ;
                yy = y+MoveY (j, k) ;    %邻居格子的矩阵坐标
                if xx>countX||yy>countY||xx<1||yy<1
                    continue;    %排除不在矩阵内的，即边界外的格子
                end
                ii = (yy−1) *countX+xx;    %邻居格子在s2列表中的序号
                if s2{ii, 10} ~ =0    %若邻居格子的标签为0，表示无效标签格子，不需统计
                    neigblist (end+1, 1) =ii;
                    neigblist (end, 2) =s3 (1, ii) ;
                end
            end
        end
        if size (neigblist, 1) ~ =0
            T=tabulate (neigblist (:, 2)) ;    %统计邻居格子标签数，T的第一列为标签号，第二列为
%统计频数，第三列为百分比占比
            for t2= 1: 6
                f=find (T (:, 1) ==t2) ;
                if isempty (f)
                    ClassCount (i, (t2−1) *2+1) =t2;
                    ClassCount (i, t2*2) =0;
                else
                    ClassCount (i, (t2−1) *2+1) =f;
                    ClassCount (i, t2*2) =T (f, 2) ;
                end
            end
        end
end
%% 3.计算中心元胞在邻域影响下转换为每一类用地的概率
ClassCount1=ClassCount (:, 2: 2: end) ;
Neighborhood1=ClassCount1 (cl,:) ;
Neighborhood=Neighborhood1/8;
%% Ⅲ.计算综合概率
PP=Neighborhood'+BPoutput;    %计算综合概率
PPPA=PP (1, : ) *DrivA
```

```
        PPPIS=PP (4, : ) *DrivIS
        PP (1, : ) = PPPA
        PP (4, : ) = PPPIS
        [m, lable_pre] = max (PP) ;   %求任一一行第i列里的最大值及其位置
    %% 将预测的新值插入邻域统计数据中重新统计
        s3 (1, cl) =lable_pre
    %% Ⅳ.自适应惯性系数
    %统计当前土地利用量与目标量的差异
        Land=tabulate (lable_pre) ;   %当前各类土地的数量及占比;
    %耕地约束
        DrivAt_1=Dlandp2 (1, 1) –Land (1, 3) /100;
        if abs (DrivAt_1 (1, 1)) <=abs (DrivAt_2 (1, 1))
            DrivA=DrivA;
        elseif DrivAt_2<DrivAt_1 & DrivAt_1<0
            DrivA=DrivA* (abs (DrivAt_2) +1) / (abs (DrivAt_1) +1) ;
        else
            DrivA=DrivA* (abs (DrivAt_1) +1) / (abs (DrivAt_2) +1) ;
        end
        Dlandp1=Land (:, 3) /100;
        DrivAt_2=Dlandp2 (1, 1) –Dlandp1 (1, 1) ;
    %城市用地约束
        DrivISt_1=Dlandp2 (4, 1) –Land (4, 3) /100;
        if abs (DrivISt_1 (1, 1)) <=abs (DrivISt_2 (1, 1))
            DrivIS=DrivIS;
        elseif DrivISt_2<DrivISt_1 & DrivISt_1<0
            DrivIS=DrivIS* (abs (DrivISt_2) +1) / (abs (DrivISt_1) +1) ;
        else
            DrivIS=DrivIS* (abs (DrivISt_1) +1) / (abs (DrivISt_2) +1) ;
        end
        Dlandp1=Land (:, 3) /100;
        DrivISt_2=Dlandp2 (4, 1) –Dlandp1 (4, 1) ;
end
```

9.3.5　结果分析

经过模拟，得出绵阳市城市建成区2023年城市空间格局图（图9–3）。

最后对结果进行精度检验，相关代码为：

```
%% %% 结果分析
%% 混淆矩阵
[m, lable_pre] = max (PP) ;
confuse2 = confusionmat (Output, lable_pre) ;
ssss = [PP; lable_pre; Output];
ssss =ssss'
%% plot
figure ()
```

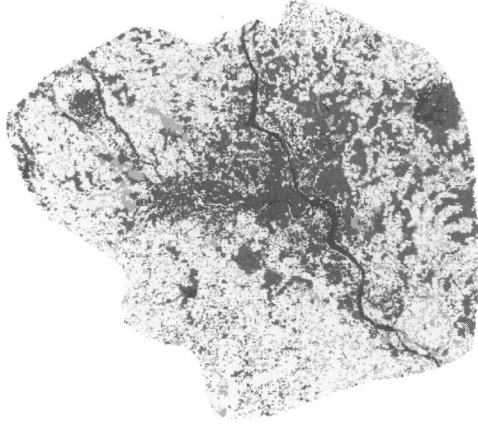

图9-3   绵阳市城市建成区2023年城市空间格局模拟图

```
plot (Output) ; hold on
plot (lable_pre) ; hold on
legend ('测试值', '预测值')
title ('ga–bp')

% %% Kappa
pe0 = 0;
n=0;
for iii = 1: 6
    pe (iii) =sum (confuse2 (iii, : )) *sum (confuse2 (:, iii))
    n = n+confuse2 (iii, iii) ;
end
pe =sum (pe) /sum (confuse2 (: )) ^2;
p0 = n/sum (confuse2 (: )) ;
Kappa = (p0–pe) / (1–pe) ;
```

9.4   延伸阅读

9.4.1   自适应惯性系数调整

第一次使用公式：

$$\text{Driv}_k^t = \begin{cases} \text{Driv}_k^{t-1} & if \ \left|D_k^{t-1}\right| \leqslant \left|D_k^{t-2}\right| \\ \text{Driv}_k^{t-1} \times \dfrac{D_k^{t-2}}{D_k^{t-1}} & if \ D_k^{t-1} < D_k^{t-2} < 0 \\ \text{Driv}_k^{t-1} \times \dfrac{D_k^{t-1}}{D_k^{t-2}} & if \ 0 < D_k^{t-2} < D_k^{t-1} \end{cases} \quad (9–7)$$

出现问题：Driv值发生突变，第一轮迭代由正到负或者由负到正，没有囊括所有可能出现的情况。而且Driv值没有加绝对值，Driv值若为负，会导致该类用地最终变为0。因本次实验使用式（9–7），而且只约束了一类用地，导致被约束的那一类用地的面积越来越少，模型陷入死循环。

第二次使用公式：

$$\mathrm{Driv}_k^t = \begin{cases} \mathrm{Driv}_k^{t-1} & if\ \left| D_k^{t-1} \right| \leqslant \left| D_k^{t-2} \right| \\[3mm] \mathrm{Driv}_k^{t-1} \times \dfrac{\left| D_k^{t-2} \right| + 1}{\left| D_k^{t-1} \right| + 1} & if\ 0 > D_k^{t-2} > D_k^{t-1} \\[3mm] \mathrm{Driv}_k^{t-1} \times \dfrac{\left| D_k^{t-1} \right| + 1}{\left| D_k^{t-2} \right| + 1} & if\ D_k^{t-1} > D_k^{t-2} > 0 \end{cases}$$

通过修改公式，让 Driv_k^t 值可以一直为正数：其值大于1时，对该类用地的增减有正向影响；小于1时，对该类用地的增减有负向影响。但该公式的问题是没有考虑到用地出现突变的情况，即 D_k^{t-1} 与 D_k^{t-2} 可能会出现一正一负的情况。使用此公式进行了两次完整的实验，第一次只约束了耕地这一类用地，第二次约束了耕地和城市用地。

9.4.2　D_k^{t-1} 与 D_k^{t-2} 之间关系的讨论

$$\mathrm{Driv}_k^t = \begin{cases} \mathrm{Driv}_k^{t-1} & if\ \left| D_k^{t-1} \right| \leqslant \left| D_k^{t-2} \right| & ① \\[3mm] \mathrm{Driv}_k^{t-1} \times \dfrac{\left| D_k^{t-2} \right| + 1}{\left| D_k^{t-1} \right| + 1} & if\ 0 > D_k^{t-2} > D_k^{t-1} & ② \\[3mm] \mathrm{Driv}_k^{t-1} \times \dfrac{\left| D_k^{t-1} \right| + 1}{\left| D_k^{t-2} \right| + 1} & if\ D_k^{t-1} > D_k^{t-2} > 0 & ③ \end{cases}$$

根据 D_k^{t-1} 与 D_k^{t-2} 之间的大小关系，对应取上式的三种选择：

1. 当 D_k^{t-2} 与 D_k^{t-1} 均大于0时：

（1）$D_k^{t-2} > D_k^{t-1}$，说明在向目标值逼近，符合情况①；

（2）$D_k^{t-2} < D_k^{t-1}$，说明在向目标值远离且越来越少，需要增大 Driv_k^t，符合情况③。

2. 当 D_k^{t-2} 与 D_k^{t-1} 均小于0时：

（1）$D_k^{t-2} > D_k^{t-1}$，说明在向目标值远离且越来越多，需要减小 Driv_k^t，符合情况②；

（2）$D_k^{t-2} < D_k^{t-1}$，说明在向目标值逼近，符合情况①。

3. 当 $D_k^{t-2} > 0$，$D_k^{t-1} < 0$ 时，说明发生突变，由少变多，需要减小 Driv_k^t，此时比较 D_k^{t-1} 与 D_k^{t-2} 的绝对值：

（1）$\left|D_k^{t-1}\right|<\left|D_k^{t-2}\right|$，符合情况③；

（2）$\left|D_k^{t-1}\right|>\left|D_k^{t-2}\right|$，符合情况②。

4. 当 $D_k^{t-2}<0$，$D_k^{t-1}>0$ 时，说明发生突变，由多变少，需要增大 Driv_k^t，此时比较 D_k^{t-1} 与 D_k^{t-2} 的绝对值：

（1）$\left|D_k^{t-1}\right|<\left|D_k^{t-2}\right|$，符合情况②；

（2）$\left|D_k^{t-1}\right|>\left|D_k^{t-2}\right|$，符合情况③。

参考文献

［1］ARSANJANI J J, KAINZ W, MOUSIVAND A J. Tracking dynamic land-use change using spatially explicit Markov chain based on cellular automata: the case of Tehran［J］. International journal of image and data fusion，2011，2（04）：329-345.

［2］Al-SHALABI M, BILLA L, PRADHAN B, et al. Modelling urban growth evolution and land-use changes using GIS based cellular automata and SLEUTH models: the case of Sana'a metropolitan city, Yemen［J］. Earth sciences，2012，70（01）：425-437.

［3］FOLEY J A, DEFRIES R S, ASNER G P, et al. Global consequences of land use［J］. Science，2005，309（5734）：570-574.

［4］KALNAY E，CAI M. Impact of urbanization and land-use change on climate［J］. Nature，2003，423（6939）：528-531.

［5］PIELKE Sr R A, MARLAND G, BETTS R A, et al. The influence of land-use change and landscape dynamics on the climate system: relevance to climate-change policy beyond the radiative effect of greenhouse gases［J］. Philosophical transaction A，2002，360（1797）：1705-1719.

［6］MATSON P A, PARTON W J, POWER A G, et al. Agricultural intensification and ecosystem properties［J］. Science，1997，277（5325）：504-509.

［7］TILMAN D, FARGIONE J, WOLFF B, et al. Forecasting agriculturally driven global environmental change［J］. Science，2001，292（5515）：281-284.

［8］VITOUSEK P M, MOONEY H A, LUBCHENCO J, et al. Human domination of earth's ecosystems［J］. Science，1997，277（5325）：494-499.

［9］YAO Y, LI X P, LIU X, et al. Sensing spatial distribution of urban land use by integrating POI and Google Word2Vec model［J］. International journal of geographical information science，2016，31（04）：825-848.

［10］BLOOM D E. 7 Billion and counting［J］. Science，2011，333（6042）：562–569.

［11］COSTANZA R，RUTH M. Using dynamic modeling to scope environmental problems and build consensus［J］. Environmental management，1998，22（02）：183–195.

［12］VERBURG P H，SCHOT P P，DIJST M J，et al. Land use change modelling：current practice and research priorities［J］. Geojournal，2004，61：309–324.

［13］HEISTERMANN M，MULLER C，RONNEBERGER K. Land in sight? Achievements，deficits and potentials of continental to global scale land–use modeling［J］. Agriculture，ecosystems & environment，2006，114（2–4）：141–158.

［14］KLINE J D，MOSES A，LETTMAN G J，et al. Modeling forest and rangeland development in rural locations，with examples from eastern Oregon［J］. Landscape and urban planning，2007，80（3）：320–332.

［15］SCHULP C J E，NABUURS G J，VERBURG P H. Future carbon sequestration in Europe–Effects of land use change［J］. Agriculture，ecosystems & environment，2008，127（3–4）：251–264.

［16］CLARKE K C，GAYDOS L J. Loose–coupling a cellular automaton model and GIS：long–term urban growth prediction for San Francisco and Washington/Baltimore［J］. International journal of geographical information science：IJGIS，1998，12（07）：699–714.

［17］LI X，YEH A G O. Modelling sustainable urban development by the integration of constrained cellular automata and GIS［J］. International journal of geographical information science，2000，14（02）：131–152.

［18］LI X，CHEN Y M，LIU X P，et al. Concepts，methodologies，and tools of an integrated geographical simulation and optimization system［J］. International journal of geographical information science，2011，25（04）：633–655.

［19］LI X，YEH A G O. Neural–network–based cellular automata for simulating multiple land use changes using GIS［J］. International journal of geographical information science，2002，16（04）：323–343.

［20］LIU X P，LIANG X，LI X，et al. A future land use simulation model（FLUS）for simulating multiple land use scenarios by coupling human and natural effects［J］. Landscape and urban planning，2017，168：94–116.

第 10 章

基于遗传算法优化的神经网络模型——城市灾害韧性动态模拟预测研究

10.1 理论基础

10.1.1 遗传算法

遗传算法（Genetic Algorithm，GA）由美国密歇根大学的约翰·霍兰德（John H. Holland）教授于1969年提出，是一种受到生物进化论启发的搜索算法，是基于达尔文生物进化论的自然选择和遗传学机理的生物进化过程的模型，主要用于解决优化问题。该算法通过数学方式，利用计算机仿真运算，将问题的求解过程转换成类似生物进化的染色体基因交叉、变异等过程。遗传算法被广泛运用在组合优化、机器学习、信号处理、自适应控制和人工生命等领域。[1]

以下是遗传算法的常用术语解释：

（1）种群（Population）：一组可行解的集合；在遗传算法中，每个可行解被视为一个"个体"，种群则是这些个体的集合。

（2）个体（Individual）：种群中的一个成员，代表了问题空间中的一个可能解。在遗传算法的上下文中，个体通常用染色体来表示。

（3）染色体（Chromosome）：基因的主要载体；在遗传算法中，染色体通常是一个编码的字符串，它代表了解的结构。最常见的编码方式是二进制编码；但也可以使用其他编码方式，如整数编码、实数编码等。

（4）基因（Gene）：染色体上的一个元素，代表解的一个组成部分；在二进制编码的染色体中，一个基因可以是0或1。

（5）适应度（Fitness）：一个个体的适应度表示其作为问题解的质量。适应度函数用于评价一个个体的好坏，是遗传算法中非常关键的概念。

（6）选择（Selection）：选择操作可用于根据个体的适应度，从当前种群中选出优良个体，以便可以将它们的基因传递到下一代。常见的选择方法有轮盘赌选择、锦标赛选择等。

（7）交叉（Crossover）/重组（Recombination）：交叉操作模拟生物遗传的交配过程，它在两个父代个体中，通过交换它们的部分染色体，创建一个或多个新的个体。

（8）变异（Mutation）：变异阶段通过随机改变个体染色体中的一个或多个基因，以扩大种群的多样性，有助于算法挑出局部最优。

（9）代（Generation）：遗传算法的一次迭代，包括选择、交叉和变异操作，其结果是产生一个新的种群。

10.1.2　利用遗传算法优化神经网络

遗传算法（GA）通过模拟自然进化的过程来逐步寻找最优解，这种方法在许多情况下可以帮助挑出局部最优，寻找到更好的神经网络配置。GA算法优化BP神经网络的权值和阈值有如下3个主要过程：①基因的表述（也就是确定权值、阈值的编码）；②个体适应度的估计；③运用进化操作算子（包括选择、交叉和变异）。

下面是使用遗传算法优化神经网络的基本流程。

1. 编码

首先建立BP神经网络，将网络的所有权值和阈值（包括输入层到隐含层的权阵、隐含层到输出层的权阵、隐含层阈值和输出层阈值）作为一组有序染色体，依据权值和阈值的数目，用相应维数的实数变量表示。这个染色体可以是一个二进制字符串、实数列表或其他形式，能够表示一个神经网络的配置。经过编码的基因可表示为：

$$X = \left[w_{11}, w_{12}, \cdots, w_{mn}, \theta_1, \theta_2, \cdots, \theta_m, t_1, t_2, \cdots, t_p \right] \qquad (10-1)$$

2. 种群初始化

随机生成一个初始种群，这个种群由多个个体组成，每个个体代表一个可能的神经网络配置。本实验的初始化种群公式如下：

$$v = \left(w_{11}, w_{12}, \cdots, w_{mn}, w_n, a_n, b \right) \qquad (10-2)$$

式中：v——种群中的一个个体；

　w_{mn}——输入层与隐含层之间的权值；

　w_n——隐含层与输出层之间的权值；

　a_n——隐含层的初始阈值；

　b——输出层的初始阈值。

种群规模设置为100，个体编码采用十进制实数形式。

3. 种群初始确定适应度函数并计算适应度值

在遗传算法的进化过程中，对染色体的评价是由适应度函数来完成的。适应度函数值的计算非常重要，它是选择运算的依据。对于种群中的每个个体，根据其编码构建对应的神经网络，然后在特定的训练数据上训练这个网络。BP神经网络训练后的误差绝对值取适应度函数进行计算，公式如下：

$$F_v = abs(e) \qquad (10-3)$$

$$F_v = \frac{1}{2l} \sum_{k=1}^{l} \sum_{j=1}^{p} \left(d_{kj}^i - o_{kj}^i \right)^2 \qquad (10-4)$$

式中：o_{kj}^i——在第 i 个个体（即权值和阈值的有序向量）作用下，第 k 个训练样本在第 j 个输出节点的输出值；

d_{kj}^i——期望的输出值；i 为训练样本个数，i =1, 2, …, N（N 为种群规模）；

p——输出层的神经元个数。

4. 选择适应度好的个体组成新的种群

遗传算法的搜索目标是获取所有进化代中使网络的误差平方和最小的网络权值和阈值，而遗传算法是朝着使适应度函数值增大的方向进化。基于个体的适应度，选择一部分表现较好的个体进入下一代，因此选择运算符且选择随机遍历采样，最优种群则为：

$$p_v = \frac{\left(\dfrac{1}{F_v}\right)}{\sum_{v=1}^{N}(1/F_v)} \qquad （10-5）$$

其中，F_v 是第 v 个个体的适应度值，适应度越低越好，因此适应度应该是个倒数；N 是种群中的个体数（即种群规模）。

5. 从种群中选择两个个体，交叉形成新的个体

遗传算法的交叉和突变操作从母代种群开始。首先在母代种群中进行染色体配对；然后在种群中对一定数量的染色体个体进行随机的交叉操作，本研究采用简单的交叉算子，通过交换两个旧个体的后半部分基因片段得到新个体（图10-1）。交叉操作如下式所示。

$$a_i^1 = \begin{cases} \min\left\{x_i + \dfrac{1+p_c}{2}\left(x_i - x_j\right), x^{\max}\right\} & x_i \geq x_j \\ \max\left\{x_i + \dfrac{1+p_c}{2}\left(x_i - x_j\right), x^{\min}\right\} & x_i < x_j \end{cases} \qquad （10-6）$$

$$a_j^1 = \begin{cases} \max\left\{x_j + \dfrac{1+p_c}{2}\left(x_j - x_i\right), x^{\min}\right\} & x_i \geq x_j \\ \max\left\{x_j + \dfrac{1+p_c}{2}\left(x_j - x_i\right), x^{\max}\right\} & x_i < x_j \end{cases} \qquad （10-7）$$

其中，$x^{\min}$ 和 $x^{\max}$ 分别为 x_i 和 x_j 取值的下限和上限，交叉后所产生的新个体 y_i 和 y_j 由下式确定[2]：

$$y_i = \frac{1+p_c}{2}a_i^1 + \frac{1-p_c}{2}a_j^1 \qquad （10-8）$$

$$y_j = \beta x_i + (1-\beta)x_j \qquad （10-9）$$

其中，β 为 [0，1] 之间的随机数；p_c 为交叉概率，由下式确定：

$$p_c = \begin{cases} k_1 \dfrac{f_{max} - f_b}{f_{max} - f_{avg}} & f_b \geq f_{avg} \\ k_2 & f_b < f_{avg} \end{cases} \qquad (10\text{--}10)$$

式中：k_1、k_2 ——$[0，1]$ 中的常数；

　　　　f_b ——要交叉的两个个体中适应度较大的一个；

　　　　f_{max} ——种群中的最大适应度；

　　　　f_{avg} ——种群的平均适应度。

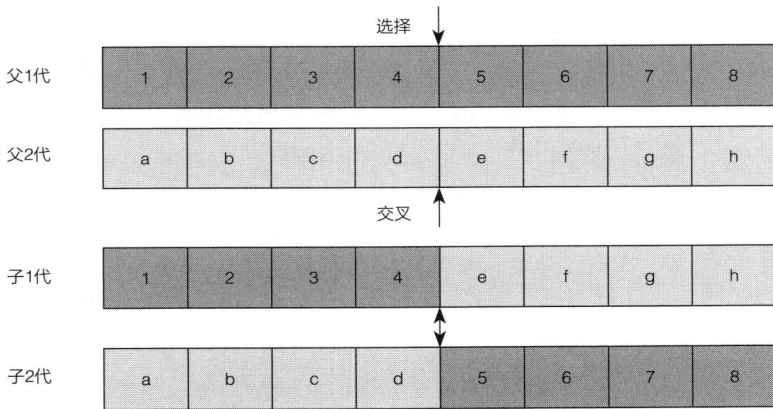

图10-1　遗传算法交叉示意图

6. 选择个体，根据概率进行变异

为了使个体从局部的角度更加逼近最优解，并使算法在接近最优解邻域时能加速收敛，采用某一均匀分布的随机数来替换原有的基因，使个体在搜索空间内自由移动，即在父代个体中随机选择变异点，则变异点的新基因值为：

$$q_{vg} = \begin{cases} q_{vg} + \left(q_{vg} - q_{max}\right) r_2 \left(\dfrac{10G}{E_{max}}\right) & r \geq 0.5 \\ q_{vg} + \left(q_{min} - q_{vg}\right) r_2 \left(\dfrac{10G}{E_{max}}\right) & r < 0.5 \end{cases} \qquad (10\text{--}11)$$

其中，q_{max} 和 q_{min} 是基因的最大值和最小值；r_2 为常数，并且 r_2 为 $[0，1]$ 区间内的随机数；G 是当前的迭代次数；E_{max} 是最大演化数。

10.2 案例背景

10.2.1 问题描述

联合国人居署的研究报告显示，预计2050年世界城市化率将超过70%。城市作为集经济、社会、生态和基础设施于一体的复杂系统，是推动经济增长和传播社会文化的变革性力量。[3, 4]然而，随着人口的快速增长和城市化进程的加快，增加了城市应对灾害的脆弱性。当面临各种各样的灾害时（如自然灾害、极端气候、粮食安全、能源匮乏、金融危机和恐怖袭击等），常常会暴露出城市在规划和管理方面的问题和不足。[5]中国应急管理部在2022年发布的"全国自然灾害基本情况"中核定我国2022年全年各种自然灾害共造成直接经济损失2386.5亿元。事实证明，城市难以有效避免灾害的侵袭。当灾害发生时，城市所遭受的经济损失会随着城市等级、规模的扩大而相应增加。[6]2015年，联合国减少灾害风险办公室（UNDRR）提出监测、评估和理解灾害风险，增强抵御能力，从而使减少灾害风险的行动具有多重效益。[7]

进入21世纪以来，随着气候变化和环境退化，我们赖以生存的自然界正变得越来越枯竭和脆弱，甚至灾害频现。[8]中国幅员辽阔、地形复杂多样，这使得中国成为地质灾害频发的国家之一。部分研究表明，尤其是西南山地丘陵地带，近年来灾害的强度和频率呈明显上升趋势。[9]就地震而言，自2008年汶川大地震以来，发生在中国、震级为5.0级以上的强地震多达144次，其中仅西南地区就高达41次。然而面对各种灾害，一味地强调通过工程技术和物理手段来消除风险，已经无法适应当前气候极端化背景下的多灾害趋势。灾害的韧性研究和韧性评价为区域防灾减灾和抵御灾害提供了新的研究思路。[10]因此，本章选用山地丘陵地区典型城市四川省绵阳市为研究区，通过构建灾害韧性评价指标体系，采用遗传算法（GA）优化BP神经网络的方法，对研究区的韧性时空格局演变特征进行分析，以探究影响研究区灾害韧性的主控因子和各子系统面临灾害时表现出的韧性水平；同时，通过分析研究区的韧性演变规律，为提升灾害韧性提供具有针对性的建议，进而提出防灾减灾策略。最后，根据研究区各区县的韧性评估结果，预测未来灾害韧性的发展趋势，以期为山地丘陵地区的防灾减灾和灾害风险治理提供理论基础和现实依据。

10.2.2 解题思路及步骤

由于大多数城市韧性评价指标是相互关联的，而BP神经网络的初始权值和阈值往往是随机选择的，评价结果会不稳定。为了克服BP神经网络结果的不稳定性，本研究采用遗传算法对BP神经网络进行优化，以便获得更稳定、更准确的城市灾害韧性评价结果。基于遗传算法的BP神经网络优化过程如图10-2所示。

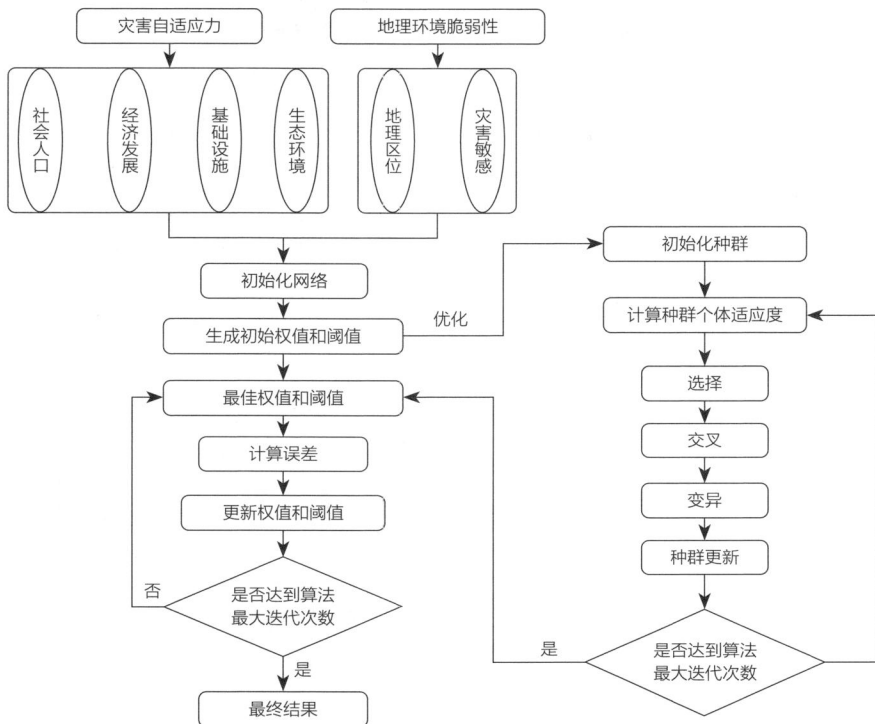

图10-2　采用遗传算法优化BP神经网络模型流程

10.3　MATLAB程序

10.3.1　清空环境变量

程序运行之前，清除工作区（Workspace）中的变量及命令行窗口（Command Window）中的命令，具体程序如下：

```
%% 清空环境变量
warning off   %关闭报警信息
close all   %关闭开启的图窗
clear all   %清空变量
clc   %清空命令行
```

10.3.2　导入excel格式的数据文件

将处理好的驱动因素数据导入MATLAB中，各指标体系详细说明如表10-1所列。

灾害韧性评价指标体系表   表10-1

目标层	准则层	指标层	单位
灾害自适应力	社会人口	卫生机构床位数	张
		医护人员数	人
		城镇化率	%
		人口密度	人/km²
		社会福利单位床位数	张/万人
	经济发展	人均储蓄存款余额	元/人
		社会消费品零售总额	万元
		人均GDP	元/人
		规模以上工业企业数	个
	基础设施	宽带接入用户数	户
		公路总里程	km
		人均用电量	kWh/人
		每万人拥有车辆数	辆/万人
		城市建设用地面积	km²
	生态环境	城镇生活污水处理率	%
		二氧化硫排放量	t
		工业污染物排放量	t
		人均耕地总面积	人/hm²
地理环境脆弱性	地理区位	距邻近河流的距离	m
		距邻近大城市的距离	m
		距地震断裂带的距离	m
		平均海拔	m
		地形起伏度	°
	灾害敏感性	归一化植被指数（NDVI）	%
		降雨量	mm
		灾害点监测密度	个/km²

具体程序如下：

```
%% 导入数据
res=xlsread ('原始预测．xlsx')；  %导入需要预测的数据
%% 添加路径
addpath ('goat\')  %添加遗传算法工具
rng (2)  %固定随机种子
```

10.3.3　随机抽样产生训练集、验证集、测试集

所有样本数据存储在res文件中，共有90个样本量；取70个样本作为训练集，剩下的20个样本作为测试集。具体程序如下：

```
%% 数据集划分
temp = randperm (81)；  %对数据进行随机排序
%划分训练集
P_train = res (temp (1: 70), 1: 26) '；  %前26列为训练集的输入值
T_train = res (temp (1: 70), 27) '；  %第27列为训练集的输出值
M = size (P_train, 2)；  %提取训练集的列数
%划分测试集
P_test = res (temp (71: end), 1: 26) '；  %前26列为测试集的输入值
T_test = res (temp (71: end), 27) '；  %第27列为测试集的输出值
N = size (P_test, 2)；  %提取输出集的列数
```

10.3.4　数据归一化

由于多个输入属性的取值不属于同一个数量级，输入变量差异较大，因此在建立模型之前，先对输入矩阵进行归一化。具体程序如下：

```
%% 数据归一化
%% 训练集归一化
[p_train, ps_input] = mapminmax (P_train, 0, 1)；
p_test = mapminmax ('apply', P_test, ps_input)；
%% 测试集归一化
[t_train, ps_output] = mapminmax (T_train, 0, 1)；
t_test = mapminmax ('apply', T_test, ps_output)；
```

10.3.5　建立神经网络模型及设置参数

通过调用newff函数建立神经网络预测模型，将训练集和测试集放入神经网络模型进行模拟，以便于下一步利用遗传算法对权值和阈值进行优化。具体程序如下：

```
%% 建立模型
S1 = 20;   %隐含层节点个数
net = newff (p_train, t_train, S1) ;
%% 设置参数
net.trainParam.epochs = 1000;   % 最大迭代次数
net.trainParam.goal = 1e–6;   % 设置误差阈值
net.trainParam.lr = 0.01;   % 学习率
```

10.3.6　利用遗传算法优化权值及阈值

在遗传算法中，问题的解决方案以一组被称为"染色体"的字符串来表示，每个字符串由多个基因（或称决策变量）组成。本案例主要是利用遗传算法优化神经网络的权值和阈值，具体程序如下：

```
%% 设置优化参数
gen = 100;   % 遗传代数
pop_num =15;   % 种群规模
S = size (p_train, 1) * S1 + S1 * size (t_train, 1) + S1 + size (t_train, 1) ;   % 优化参数个数
bounds = ones (S, 1) * [–1, 1];   % 优化变量边界
%% 初始化种群
prec = [1e–6, 1];   % epsilon 为1e–6，实数编码
normGeomSelect = 0.09;   % 选择函数的参数
arithXover = 2;   % 交叉函数的参数
nonUnifMutation = [2 gen 3];   % 变异函数的参数
initPpp = initializega (pop_num, bounds, 'gabpEval', [], prec) ;
%% 优化算法
[Bestpop, endPop, bPop, trace] = ga (bounds, 'gabpEval', [], initPpp, [prec, 0], 'maxGenTerm', gen, ...'
normGeomSelect', normGeomSelect, 'arithXover', arithXover, ... 'nonUnifMutation', nonUnifMutation) ;
%% 获取最优参数
[val, W1, B1, W2, B2] = gadecod (Bestpop) ;
%% 参数赋值
net.IW{1, 1} = W1;   %输入层到隐含层之间的权值
net.LW{2, 1} = W2;   %隐含层到输出层之间的权值
net.b{1}      = B1;   %输入层到隐含层之间的阈值
net.b{2}      = B2;   %隐含层到输出层之间的阈值
```

10.3.7　对遗传算法优化后的权值、阈值进行训练

将遗传算法优化后的最终权值和阈值输入神经网络模型中进行训练，具体程序如下：

```
%%% 模型训练
net.trainParam.showWindow = 1;   % 打开训练窗口
net = train (net, p_train, t_train) ;   % 训练模型
%%% 仿真测试
t_sim1 = sim (net, p_train) ;
t_sim2 = sim (net, p_test ) ;
%%% 数据反归一化
T_sim1 = mapminmax ('reverse', t_sim1, ps_output) ;
T_sim2 = mapminmax ('reverse', t_sim2, ps_output) ;
%%% 均方根误差
error1 = sqrt (sum ((T_sim1 - T_train) .^2) ./ M) ;
error2 = sqrt (sum ((T_sim2 - T_test ) .^2) ./ N) ;
%%% 优化迭代曲线
figure
plot (trace (:, 1) , 1. / trace (:, 2) , 'LineWidth', 1.5) ;
xlabel ('迭代次数') ;
ylabel ('适应度值') ;
string = {'适应度变化曲线'};
title (string)
grid on
```

10.3.8　绘图及结果分析

根据上述训练结果，对模型的精度和结果进行分析，具体程序如下：

```
%%% 绘图
figure
plot (1: M, T_train, 'r-*', 1: M, T_sim1, 'b-o', 'LineWidth', 1)
legend ('真实值', '预测值')
xlabel ('预测样本')
ylabel ('预测结果')
string = {'训练集预测结果对比'; ['RMSE=' num2str (error1) ]};
title (string)
xlim ([1, M])
grid
figure
plot (1: N, T_test, 'r-*', 1: N, T_sim2, 'b-o', 'LineWidth', 1)
legend ('真实值', '预测值')
xlabel ('预测样本')
ylabel ('预测结果')
string = {'测试集预测结果对比'; ['RMSE=' num2str (error2) ]};
title (string)
xlim ([1, N])
```

10.4　延伸阅读

遗传算法中的选择操作模拟自然选择过程，用于选择最适应环境的解决方案。在选择操作中，个体在下一代中的概率与其适应度相关。在使用过程中常见的选择算子主要有以下几种。

（1）轮盘赌选择（Roulette Wheel Selection，RWS）：是一种回放式随机采样方法。每个个体进入下一代的概率等于它的适应度值占整个种群中个体适应度值之和的比例。这相当于使用轮盘，并为每个轮盘的一部分分配适应度值。转动轮盘时，每个个体被选中的概率与其在轮盘中所占部分的大小成正比。

（2）锦标赛选择（Tournament Selection）：每次按轮盘赌选择一对个体，然后让这两个个体进行竞争，适应度高的被选中；如此反复，直到选满为止。这种选择方法可以防止个体被过分反复选择，从而避免了具有特别高适应度的个体垄断下一代，为适应度较低的个体提供被选择的机会，减少了原始轮盘赌选择方法的不公平性。

（3）排序选择（Rank–Based Selection）：新生成的子代个体将代替或排挤相似的父代个体，以提高群体的多样性。排序选择方法类似于轮盘赌选择，但不是直接使用适应度值来计算选择每个个体的概率，而是将适应度值用于对个体进行排序。排序后，将为每个个体指定代表其位置的等级，并根据这些等级计算轮盘概率。

（4）无回放随机选择（也称期望值选择，Excepted Value Selection）：根据每个个体在下一代群体中的生存期望数目来进行随机选择运算，方法如下：

1）计算群体中每个个体在下一代群体中的生存期望数目N；

2）若某一个体被选中参与交叉运算，则它在下一代中的生存期望数目减去0.5；若某一个体未被选中参与交叉运算，则它在下一代中的生存期望数目减去1.0；

3）随着选择过程的进行，当某一个体的生存期望数目小于0时，该个体就不再有机会被选中。

参考文献

［1］葛继科，邱玉辉，吴春明，等. 遗传算法研究综述［J］. 计算机应用研究，2008，25（10）：2911–2916.

［2］田旭光，宋彤，刘宇新. 结合遗传算法优化BP神经网络的结构和参数［J］. 计算机应用与软件，2004，21（06）：69–71.

［3］孙阳，张落成，姚士谋. 基于社会生态系统视角的长三角地级城市韧性度评价［J］. 中国

人口·资源与环境，2017，27（08）：151-158.

[4] BATTY M. Cities and complexity：understanding cities with cellular automata，agent-based models，and fractals[M]. Cambridge：MIT Press，2007.

[5] SPAANS M，WATERHOUT B. Building up resilience in cities worldwide-Rotterdam as participant in the 100 Resilient Cities Programme［J］. Cities，2017，61（01）：109-116.

[6] 黄晓军，黄馨. 弹性城市及其规划框架初探［J］. 城市规划，2015，39（02）：50-56.

[7] WAHLSTROM M. New Sendai Framework strengthens focus on reducing disaster risk［J］. International journal of disaster risk science，2015，6（02）：200-201.

[8] SAHLE M，SAITO O，REYNOLDS T W. Nature's contributions to people from church forests in a fragmented tropical landscape in southern Ethiopia［J］. Global ecology and conservation，2021，28（03）：e01671.

[9] 王瑛，林齐根，史培军. 中国地质灾害伤亡事件的空间格局及影响因素［J］. 地理学报，2017，72（05）：906-917.

[10] 陈利，朱喜钢，孙洁. 韧性城市的基本理念、作用机制及规划愿景［J］. 现代城市研究，2017（09）：18-24.

第 11 章

基于转换规则的CA——土地利用多情景空间模拟

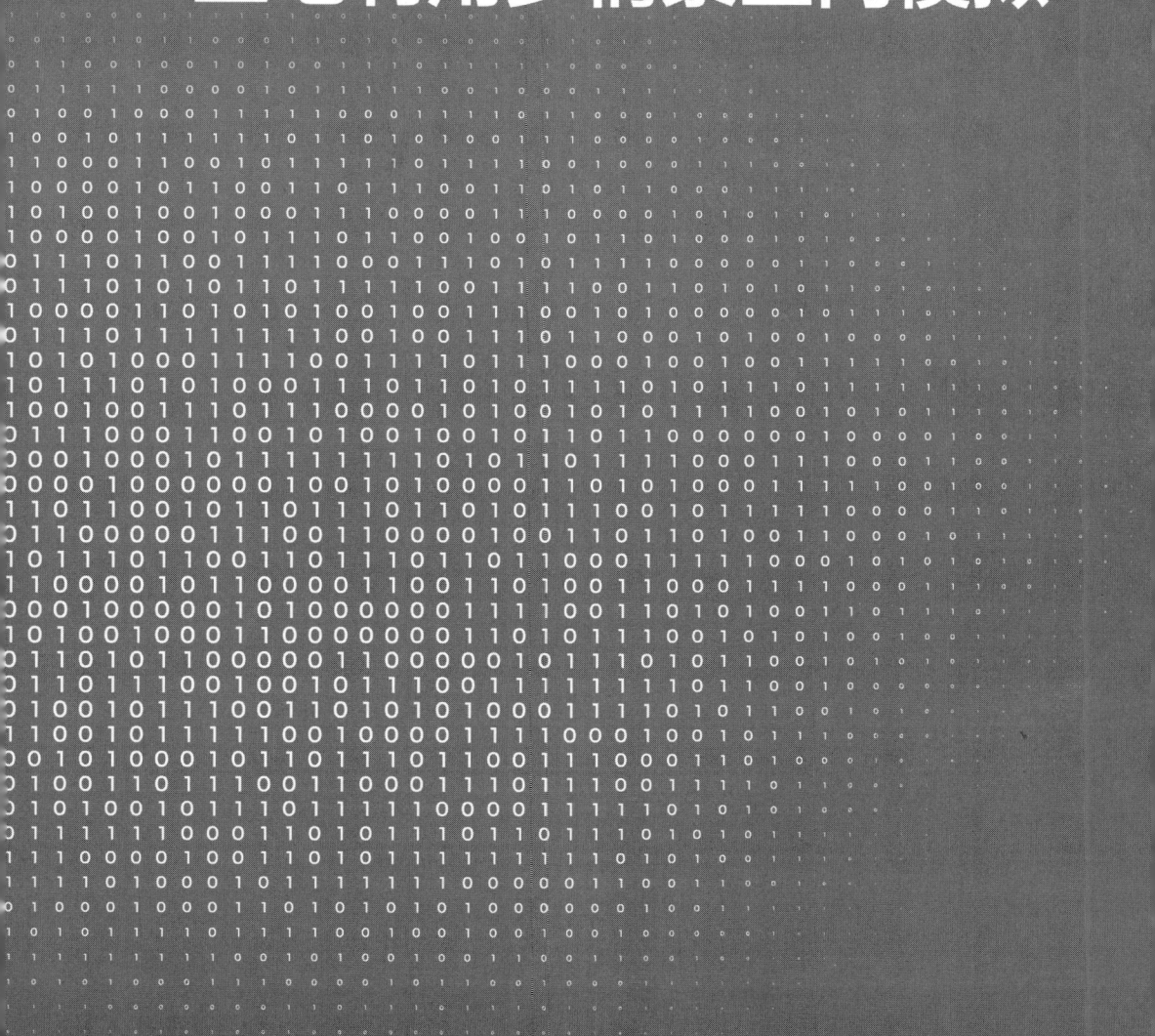

11.1　理论基础

11.1.1　地理元胞自动机

元胞自动机（CA）具有强大的空间运算能力，常用于对自组织系统演变过程的研究。它是一种时间、空间、状态都离散，空间相互作用和时间因果关系都为局部的网格动力学模型，具有模拟复杂系统时空演化过程的能力。元胞自动机"自下而上"的研究思路充分体现了复杂系统局部、个体行为产生全局、有秩序模式的理念。近年来，越来越多的学者利用CA来模拟城市系统[1]，并且取得了大量有价值的研究成果。这些研究表明，通过简单的局部转换规则，可以模拟出复杂的城市空间结构，体现了"复杂系统来自于简单子系统的相互作用"这一复杂性科学的精髓，为城市发展理论提供了可靠依据。

城市是一个典型的动态空间复杂系统，具有开放性、动态性、自组织性、非平衡性等耗散结构的特征。城市的发展变化受到自然、社会、经济、文化、政治、法律等多种因素的影响，因而其行为过程具有高度的复杂性。正是由于这种复杂性，城市CA必须考虑到各种复杂因素的影响。可以将复杂的城市系统进行分解，用不同的CA模拟城市系统的不同特征。

城市CA的一个主要特征是CA与GIS的耦合，CA和GIS的耦合可以使城市CA模拟出与实际情况更为接近的结果。GIS在城市模拟中发挥着相当重要的作用，它为城市模拟提供了丰富的空间信息和强有力的空间数据处理平台。在过去几十年中，GIS对与空间信息相关的各类学科均产生了深刻的影响。

CA有4个基本要素：元胞、状态、邻域和转换规则。城市CA是在二维元胞空间中运行的。在大多数情况下，城市CA将模拟空间划分成统一的规则格网。某时刻t元胞的状态只可能是有限状态中的一种，但是有时也用"灰度"或"模糊集"来表示元胞的状态。[2]在绝大多数情况下，城市元胞只有两种状态：城市用地和非城市用地。元胞的邻域结构决定元胞的转换状态，最常用的邻域结构有冯·诺依曼（von Neumann）邻域和摩尔（Moore）邻域；此外，还有其他一些邻域可用来模拟城市环境，如圆形邻域和随距离衰减的邻域。

11.1.2　转换规则

离中心元胞距离越近的邻域元胞，其转换规则对中心元胞状态转换的影响也就越大。城市CA的转换规则往往是由邻域函数的表达式来反映的，在模拟过程中需要动态迭代计算邻域的变化；同时，需要引入随机变量，以突出城市系统的不确定性。由于城市系统的不确定性，有些学者更倾向于用基于概率的转换规则代替确定性的转换规则。城市CA和传统CA在转换规则上有很大的差异。学者们提出了多种多样的转换规则，以满足他们研究的需要。与传统CA的转换规则有所不同，城市CA的转换规则往往对传统CA的限制条件进行了适当放宽。

CA的核心是定义转换规则。然而，目前CA的转换规则有多种形式，根据不同的应用目的，需要定义不同的转换规则。传统CA的转换规则只考虑von Neumann邻域或Moore邻域的影响，其函数表达式为：

$$S_{ij}^{t+1} = f_N \left(S_{ij}^t \right) \qquad (11-1)$$

式中：S_{ij}^t、S_{ij}^{t+1}——在t时刻、$t+1$时刻，元胞ij位置处的状态；

　　　　N——元胞的邻域，作为转换函数的一个输入变量；

　　　　f——转换函数，定义元胞从时刻t到下一时刻$t+1$状态的转换。

CA的执行需要可操作性的转换规则。最为著名的转换规则是由英国数学家约翰·康威（John H. Conway）发明的"生命游戏"（Game of Life），其转换规则如下：

如果某一时刻一个元胞的状态为"死"，且其相邻元胞中恰好有3个元胞的状态为"生"，则在下一时刻该元胞"复活"；

如果某一时刻一个元胞的状态为"生"，且其相邻元胞中有2～3个元胞的状态为"生"，则下一时刻该元胞继续保持"生"的状态；

如果一个"生"元胞处于孤立的状态（其相邻元胞中的"生"元胞少于2个），或处于过饱和状态（其相邻元胞中的"生"元胞多于3个），那么该元胞下一时刻的状态为"死"。

这种简单的规则能形成令人惊奇的复杂模式，意想不到的复杂现象均可由简单的局部规则产生，而且经过多次迭代后，模式趋于稳定。

城市CA转换规则的定义是非常松散的，模型的转换规则常常通过转移概率或转换潜力来表示。一个简单的城市CA的表达式为：

IF　cell$\{x \pm 1, y \pm 1\}$ 已经发展为城市用地

THEN　$P_d\{x, y\} = \sum_{ij} \in \dfrac{P_d\{i, j\}}{8}$

&

IF　$P_d\{x, y\} >$确定的阈值

THEN　cell$\{x, y\}$ 发展为城市用地

其中，$P_d\{x, y\}$ 为 cell$\{x, y\}$ 的城市发展概率；cell$\{x, y\}$ 为Moore邻近范围Ω下的所有元胞，包括中心元胞本身。

模型的转换潜力也可以通过一系列因素联合计算，White和Engelen采用三个因素来计算模型的转换潜力：①元胞本身的适宜性；②元胞邻域的集聚影响；③随机扰动因素。[3]转换潜力可用式（11–2）和式（11–3）表示：

$$P_z = S_z N_z + \varepsilon_z \tag{11-2}$$

$$N_z = \sum_{d,i} I_{d,i} w_{z,y,d} \tag{11-3}$$

式中：P_z——转换到状态z的潜力；

S_z——元胞进行z活动的适宜性，$S_z \in [0, 1]$；

N_z——邻近范围的影响；

$w_{z,y,d}$——与中心元胞的距离为d、状态为y时的权值；

I——在距离d范围内元胞的指数；

ε_z——随机变量。

$$I_{d,i} = \begin{cases} 1, \text{如果元胞}i\text{在距离}d\text{范围内，并且状态为}y \\ 0, \text{其他} \end{cases} \tag{11-4}$$

1997年，Clarke等人运用聚集、繁殖、扩散、坡度限制和道路的影响这5个因素来控制城市的模拟，即模型的转换规则由这5个因素来定义，这些因素影响了城市随机转换的数量。各个因素值的确定，作为模型校准的一部分，可以在模型运行时设定。

11.1.3 Bagging分类算法

Bagging算法（Boostrap Aggregating），即引导聚集算法，又称装袋算法。Bagging算法可与其他分类、回归算法相结合，在提高其准确率和稳定性的同时，通过降低结果的方差，避免过拟合的发生。在scikit-learn中，Bagging方法使用统一的Bagging Classifier元估计器（或Bagging Regressor），输入的参数和随机子集抽取策略由用户指定。max_samples和max_features控制着子集的大小（对于样例和特征），bootstrap和bootstrap_features控制着样例和特征的抽取是有放回还是无放回的。当使用样本集时，通过设置oob_score=True，可以使用袋外样本评估泛化精度。

在Bagging中，一个样本可能被多次采样，也可能一直不被采样，假设一个样本一直不出现在采样集的概率为e，那么对其求极限可知：

$$\lim_{n \to \infty} \left(1 - \frac{1}{n}\right)^n = \frac{1}{e} \approx 0.368 \tag{11-5}$$

原始样本数据集中有63.2%的样本出现在Bagging使用的数据集中；同时，在采样中还可以使用oob来对模型的泛化精度进行评估。最终的预测结果使用简单投票法，即每个分类器一票，进行投票（也可以进行概率平均）。

11.1.4　信息增益

信息增益（Information Gain，IG）是很有效的特征选择方法。但凡是特征选择，都是在将特征的重要程度量化之后，再进行选择，而如何量化特征的重要性，就成了各种方法之间最大的不同。在开方检验中，使用特征与类别间的关联性来进行这个量化；关联性越强，特征的得分越高，该特征就越应该被保留。在信息增益中，重要性的衡量标准就是看特征能够为分类系统带来多少信息；带来的信息越多，该特征就越重要。

1. 信息熵

信息熵主要是对一个信号能够提供信息的多少进行量化。1948年，香农引入信息熵，并将其定义为离散随机事件的出现概率。[4] 一个系统越是有序，信息熵就越低；反之；反之，越是混乱，信息熵就越高。所以说，信息熵可以被认为是系统有序化程度的一个度量。

如果一个随机变量 Y 的可能取值为 $X = y_1, y_2, \cdots, y_n$，其概率分布为 $P_{(y_i)}$，则随机变量 Y 的熵可被定义为：

$$H(Y) = \sum_{i=1}^{n} -P_{(y_i)} \log_2 P_{(y_i)} \tag{11-6}$$

信息熵的值越大，说明系统越不确定。在信息论中，常常用以2为底的对数来计算，计算出来的单位为比特（bit）；在机器学习中，常常用自然对数来计算，计算出来的单位为奈特（nat）。以下都采用自然对数来进行计算。

2. 条件熵

条件熵表示在条件 X 下 Y 的信息熵，记作：

$$H(Y|X) = \sum_{i=1}^{n} P_{(x_i)} H(Y|x_i) = \sum_{i=1}^{n} \left\{ P_{(x_i)} \left[-\sum_{j=1}^{m} P(Y_j|x_i) \log_2 \left(P(Y_j|x_i) \right) \right] \right\} \tag{11-7}$$

x_i 为条件 X 的每种可能取值，假设共有 n 种取值；$P_{(x_i)}$ 表示具有 x_i 取值的样本在总样本中所占的比例；$H(Y|x_i)$ 表示选取所有包含取值的样本，基于随机变量 Y 来计算信息熵；$Y_j|x_i$ 表示在所有包含 x_i 取值的样本中，特征 Y 的第 j 种取值（假设共有 m 种取值）；$P(Y_j|x_i)$ 表示在所有包含 x_i 取值的样本中，Y_j 取值所占的比例。

3. 信息增益

信息增益描述了一个特征带来的信息量的多少，常用于决策树的构建和特征选择。信息增益越大，说明该特征对确定某个事件的贡献越大（即降低了某个事件的不确定性）；或者说，该特征是某个事件的主要特征，即信息增益=信息熵－条件熵。

11.2 案例背景

11.2.1 问题描述

土地是人类社会发展的重要因素之一，绝大部分社会经济活动都是以土地作为载体的。土地在粮食安全、生态安全等方面发挥着巨大的作用。然而随着我国城镇化、工业化进程的快速推进，建设用地无序扩张，侵占耕地、林地等生产、生态用地的现象频发，社会经济可持续发展的能力遭到破坏。[5, 6]目前的区域发展规划大多基于往年的土地利用数据进行评价分析。然而，不同的城市发展诉求会导致土地利用结构的变化。基于土地利用现状进行分析，尚不能充分反映用地类型的演变规律；因此，如何针对不同的目的调整用地结构，实现社会经济高质量发展，是亟待解决的问题。为此，针对区域不同情景下的土地利用进行模拟分析具有一定的必要性，可以为区域土地利用现状分析提供补充，亦可为实现区域粮食安全、生态文明建设等多重规划目标提供数据支撑。

在不同的发展目标下，区域的土地利用格局各不相同，探究不同发展目标下的用地结构，对于区域的可持续发展和资源高效利用具有重要意义。成都市作为中国西部地区最大的区域中心城市，也是成渝地区双城经济圈重要的中心城市之一，其核心区为该区域提供了极为重要的社会经济服务。本案例分别设置城市发展、耕地保护、生态优先三种情景，基本满足国家对于经济发展、粮食安全、生态保护的战略要求。同时，以基于改进规则的数据挖掘时空CA模型，利用集成学习与元胞自动机（CA）空间智能体构建多情景时空模拟模型；进而基于所构建的模型挖掘影响国土空间"过程—格局"变化的社会—环境驱动因素的动态权值，确定不同发展目标情景下的不同社会—环境因素的驱动机制，建立多情景下国土空间格局与资源环境多对多的系统关系。有效识别国土类型的空间分异规律，科学预测国土空间"过程—格局"的变化趋势。通过国土空间多情景模拟，为实现生态社会的经济协调和可持续发展、土地资源利用集约高效、用地结构科学合理提供参考。

11.2.2 解题思路及步骤

本研究利用Bagging算法构建一个自动化参数调整过程，来改善CA情景模拟结果，以适应区域异质性动态变化带来的目标差异性。基于时空元胞自动机模型，搭建了一个服务于"三生空间"（对生产、生活、生态三类空间的总称）划定的多情景预测模型，其建立步骤如图11-1所示。

```
Bagging算法预        信息增益自动        时空CA构建多        集成模型转移        多情景模拟最
测转移概率    →    优化指标权值    →    情景模拟规则    →    概率输出    →    大概率输出
```

图11-1　多情景预测模型建立步骤

11.3　MATLAB程序

11.3.1　清空环境变量

程序运行之前，清除工作区（Workspace）中的变量及命令行窗口（Command Window）中的命令，具体程序如下：

```
%% 清空环境变量
clear all
clc
```

11.3.2　随机产生训练集和测试集

所有样本数据存储在s2文件中，共有369768个样本量，取258836个样本作为训练集，剩下的110932个样本作为测试集，具体程序如下：

```
%% 数据集划分
rowrank = randperm (size (s2, 2)) ;
b1 = s2 (:, rowrank) ;
%打乱数据排列顺序
train_matrix = s2 ([3: 19], [1: 258836]) ;
%提取训练集驱动因子
train_label = s2 (36, [1: 258836]) ;
%提取训练集类别标签
test_matrix =s2 ([3: 19], [258837: 369768]) ;
%提取测试集驱动因子
test_label =s2 (36, [258837: 369768]) ;
%提取测试集类别标签
```

11.3.3　数据归一化

由于多个输入属性的取值不属于同一个数量级，输入变量差异较大；因此，在建立模型之前，先对输入矩阵进行归一化，具体程序如下：

```
%%数据归一化
[xtrain, PS] = mapminmax (train_matrix) ;
xtest = mapminmax (test_matrix, 'apply', PS) ;
%驱动因子数据归一化
xtrain=xtrain';
xtest=xtest';
```

11.3.4 集成装袋树预测转移概率

集成装袋树预测模型通过调用"trainClassifier_Bag.m"函数包进行模拟，我们将原始输入数据划分为表11-1中的7个用地类型，最后输出一个7×7的每类用地空间的转移概率矩阵。

用地类型与标签对应关系表 表11-1

用地类型	城镇	草地	林地	水域	耕地	其他建设用地	农村居民点
标签	1	2	3	4	5	6	7

具体程序如下：

```
%%集成装袋树概率预测
if Bag==1
    disp ("**********************************************")
    disp ("集成装袋树模型: ")
    %训练
    disp ("    训练中")
    %[model_Bag, valAccuracy_bag] = trainClassifier_Bag (Xtrain', Ytrain')
    [model_Bag, valAccuracy_bag, valScore_bag] = trainClassifier_Bag (xtrain, ytrain) ;
    disp (" acc_val = "+string (valAccuracy_bag))
    % 验证准确率
    disp ("    测试中")
    [Ypred, predScore_Bag] = model_Bag.predictFcn (xtest) ;
    %输出预测的样本类型以及转变为7种用地类型的概率矩阵
    %%"trainClassifier_Bag.m"函数包
    function[trainedClassifier, validationAccuracy, validationScores]=trainClassifier_Ba    g(trainingData, responseData)
    % 集成学习：装袋树（归一化）
    %集成方法：bag
    %学习器数量：30
    %最大分类数：4999
    [C_VariableNames, C_PredictorNames, C_isCategoricalPredictor]=nameConversion(size(trainingData, 2));
```

```
        inputTable = array2table (trainingData, 'VariableNames', C_VariableNames);
        predictorNames = C_PredictorNames;
        predictors = inputTable (:, predictorNames);
        response = responseData (:);
        isCategoricalPredictor = C_isCategoricalPredictor;
        template = templateTree (...
        'MaxNumSplits', length (responseData)−1); %'MaxNumSplits', 4999) ;
classificationEnsemble = fitcensemble (...
        predictors, ...
        response, ...
        'Method', 'Bag', ...
        'NumLearningCycles', 30,  ...
        'Learners', template, ...
        'ClassNames', [1; 2; 3; 4; 5; 6; 7]);
predictorExtractionFcn = @(x) array2table (x, 'VariableNames', C_VariableNames);
ensemblePredictFcn = @(x) predict (classificationEnsemble, x);
trainedClassifier.predictFcn=@(x)ensemblePredictFcn (predictorExtractionFcn (x) );
trainedClassifier.ClassificationEnsemble = classificationEnsemble;
inputTable = array2table (trainingData, 'VariableNames', C_VariableNames);
predictorNames = C_PredictorNames;
predictors = inputTable (: , predictorNames);
response = responseData (:);
isCategoricalPredictor = C_isCategoricalPredictor;
% 执行交叉验证
partitionedModel = crossval (trainedClassifier.ClassificationEnsemble, 'KFold', 10);
trainedClassifier.ClassificationEnsemble = partitionedModel;
% 计算验证预测
[validationPredictions, validationScores] = kfoldPredict (partitionedModel);
% 计算验证准确度
validationAccuracy = 1 − kfoldLoss(partitionedModel, 'LossFun', 'ClassifError');
```

11.3.5　精度检验

对于多分类模拟，我们选用Kappa系数和受试者工作特征（ROC）曲线来检验模型的模拟精度，具体程序如下：

```
%% 混淆矩阵与Kappa系数
acc_Bag=sum (Ypred == ytest)./numel (ytest);
    confuse_Bag=confusionmat (ytest, Ypred );
% 混淆矩阵
    figure, confusionchart (confuse_bag)
% 混淆矩阵图
    disp ("  acc_Bag="+string (acc_Bag))
% 测试准确率
    pe0_=0;
```

```
    n_=0;
    for i=1: 7
        pe0_ (i)=sum (confuse_Bag (i, : ))* sum (confuse_Bag (:, i));
        n_=n_+confuse_Bag (i, i);
    end
    pe_=sum (pe0_)/sum (confuse_Bag (: ))^2;
    p0_=n_/sum (confuse_Bag (: ));
    Kappa_Bag= (p0_-pe_)/ (1-pe_);
end
%% ROC曲线与AUC曲线下面积计算
% 画ROC曲线
Y1=Ytest;
% 真实标签
tmp=eye (max (Y1));
ytest=tmp (Y1, : )';
Y2=Ypred;
% 预测标签
tmp=eye (max (Y2));
ypred=tmp (Y2, : )';
[tpr, fpr, thresholds]=roc (ytest, predScore_Bag');
plotroc (ytest, predScore_Bag')
figure
[X, Y, T, AUC (i), OPTROCPT, SUBY, SUBYNAMES]=perfcurve (ytest (i, : ), predScore_Bag (:, i)', 1);
    subplot (2, 4, i)
    plot (X, Y)
    legend (strcat ('AUC=', num2str (AUC (i))))
end
for i=5: 7
    [X, Y, T, AUC (i), OPTROCPT, SUBY, SUBYNAMES]=perfcurve (ytest (i, : ), predScore_Bag (:, i)', 1);
    subplot (2, 4, i)
    plot (X, Y)
legend (strcat (&apos; AUC=&apos; , num2str (AUC (i))))
end
```

11.3.6　信息增益输出指标权值

本案例利用信息增益计算指标权值的过程，基于任一机器学习的训练过程即可得出，函数包infoGain需要我们自己编写。这里给出了两种权值计算方法，具体程序如下：

```
%% 权值计算
model = "Bag";
method = 2;
w1 = infoGain (xtrain, ytrain, xtest, ytest, model,method) ; %xtrain是n*m
for i = 1: length (w1)
```

```matlab
        w2 (i, 1) = sum (w1 (i, :)) ;
end
    %%"infoGain.m"函数包
    function w = infoGain(Xtrain, Ytrain, Xtest, Ytest, model, method)
    if size(Xtrain, 1)  ~ = size(Ytrain, 1) || size(Xtest, 1)  ~ = size(Ytest, 1)
        disp("error: keep len(x) = len(y) and x –> (n * m), y –> (n * 1)")
        return
    end
    C = length(unique(Ytest));
    % 类数
    idx = 1: size(Xtrain, 2);
    % 特征数组
    W0 = zeros(size(Xtrain, 2), C);
    % 原模型准确率
    W1 = zeros(size(Xtrain, 2), C);
    % 方法一  准确率
    W2 = zeros(size(Xtrain, 2), C);
    % 方法二  准确率
    if model == "wknn"
        [wKNN,  ~ ] = trainClassifier_wKNN(Xtrain, Ytrain);
        [Y,  ~ ] = wKNN.predictFcn(Xtest);
        confuse0 = confusionmat(Ytest, Y);
        % 混淆矩阵
        if method == 1
            for i = 1: size(Xtrain, 2)
                idx_i = setdiff(idx, i);
                [model1,  ~ ] = trainClassifier_wKNN(Xtrain(: , idx_i), Ytrain);
                [Ypred,  ~ ] = model1.predictFcn(Xtest(: , idx_i));
                confuse1 = confusionmat(Ytest, Ypred);
                for j = 1: size(confuse1, 1)
                    W1(i, j) = confuse1(j, j)/sum(confuse1(j, :));
                    W0(i, j) = confuse0(j, j)/sum(confuse0(j, :));
                    W1(i, j) = (W0(i, j) – W1(i, j))/(W0(i, j)*(C–1)/C);
                end
            end
            w = W1/sum(W1(: ))*size(W1, 1);
        elseif method == 2
            for i = 1: size(Xtrain, 2)
                Xtest1 = Xtest;
                Xtest1(: , i) = 0;
                [Ypred,  ~ ] = wKNN.predictFcn(Xtest1);
                confuse2 = confusionmat(Ytest, Ypred);
                for j = 1: size(confuse2, 1)
                    W2(i, j) = confuse2(j, j)/sum(confuse2(j, :));
                    W0(i, j) = confuse0(j, j)/sum(confuse0(j, :));
                    W2(i, j) = (W0(i, j) – W2(i, j))/(W0(i, j)*(C–1)/C);
                end
```

```
                Xtest1 = Xtest;
                ii = setdiff(idx, i);
                for jj = 1: length(ii)
                        Xtest1(: , ii(jj)) = 0;
                end
                [Ypred, ~ ] = wKNN.predictFcn(Xtest1);
                confuse2 = confusionmat(Ytest, Ypred);
                for j = 1: size(confuse2, 1)
                        W2_1(i, j) = confuse2(j, j)/sum(confuse2(j, :));
                        W2_1(i, j)=(W2_1(i, j)−W0(i, j)/C/size(Xtrain, 2))/(W0(i, j)*(C−1)/C);
                end
        end
        W2 = (W2+W2_1)/2;
        w = W2/sum(W2(: ));
    else
        disp("error, :method in [1, 2]")
    end
elseif model == "bag"
    [Bag, ~ ] = trainClassifier_Bag(Xtrain, Ytrain);
    [Y, ~ ] = Bag.predictFcn(Xtest);
    confuse0 = confusionmat(Ytest, Y);
    if method == 1
        for i = 1: size(Xtrain, 2)
                idx_i = setdiff(idx, i);
                [model2, ~ ] = trainClassifier_Bag(Xtrain(: , idx_i), Ytrain);
                [Ypred, ~ ] = model2.predictFcn(Xtest(: , idx_i));
                confuse1{i, 1} = confusionmat(Ytest, Ypred);
                for j = 1: size(confuse1, 1)
                    W1(i, j) = confuse1(j, j)/sum(confuse1(j, :));
                    W0(i, j) = confuse0(j, j)/sum(confuse0(j, :));
                    W1(i, j) = (W0(i, j) − W1(i, j))/(W0(i, j)*(C−1)/C);
                    end
                end
                w = W1/sum(W1(: ));
        elseif method == 2
            for i = 1: size(Xtrain, 2)
                Xtest1 = Xtest;
                Xtest1(: , i) = 0;
                [Ypred, ~ ] = Bag.predictFcn(Xtest1);
                confuse2 = confusionmat(Ytest, Ypred);
                for j = 1: size(confuse2, 1)
                        W2(i, j) = confuse2(j, j)/sum(confuse2(j, :));
                        W0(i, j) = confuse0(j, j)/sum(confuse0(j, :));
                        W2(i, j) = (W0(i, j) − W2(i, j))/(W0(i, j)*(C−1)/C);
                end
                Xtest1 = Xtest;
                ii = setdiff(idx, i);
```

```
                    for jj = 1: length(ii)
                        Xtest1(: , ii(jj)) = 0;
                    end
                    [Ypred, ~ ] = Bag.predictFcn(Xtest1);
                    confuse2 = confusionmat(Ytest, Ypred);
                    for j = 1: size(confuse2, 1)
                        W2_1(i, j) = confuse2(j, j)/sum(confuse2(j, :));
                        W2_1(i, j) = (W2_1(i, j)–W0(i, j)/C/size(Xtrain, 2))/(W0(i, j)*(C–1)/C);
                    end
                end
            end
```

11.3.7　CA转换规则制定

在利用CA进行情景模拟时，输入样本单元必须为矩阵形式。由于我们选取的案例区为不规则图形，模拟时首先排除不在研究区内的单元网格，再通过自动化参数过程调节多情景模拟规则，具体程序如下：

```
%% 清空环境变量
clear all
Clc
% %导入数据
info = shapeinfo ('H: \成都市数据处理GIS\样本单元重构100\CA规则\CA矩阵格网．shp') ;
S = shaperead ('H: \成都市数据处理GIS\样本单元重构100\CA规则\CA矩阵格网．shp') ;
s1=rmfield (S, 'Geometry') ;
s1=rmfield (s1, 'BoundingBox') ; s2 = struct2cell (s1) ;
%%计算每一行和列有多少格子
s2=s2';
X1= s2{1, 1} (1) ;
Y1= s2{1, 2} (1) ;
Xend=s2{size (s2, 1) , 1} (3) ;
Yend=s2{size (s2, 1) , 2} (3) ;
dice = 100;
countX=round ((Xend–X1) /dice) ;
countY=round ((Yend–Y1) /dice) ;
MoveX = [–1 0 1; –1 0 1; –1 0 1];
MoveY=[1 1 1; 0 0 0; –1 –1 –1];
%%参数调节
idxW = [5 5    6    2    8    5    6
7    3    3    7    10   9    2
6    8    5    8    1    11   7
3    1    1    5    4    3    4
2    7    9    3    3    8    1
4    2    4    9    2    6    3];
```

```
% 关键指标集合在原始数据中的位置索引
idxW =idxW';
W = [0.12779302   0.12779302   0.137338192   0.089808325   0.092905201   0.12779302   0.137338192
0.104461753   0.109019797   0.109019797   0.104461753   0.035948405   0.093989705   0.089808325
0.137338192   0.092905201   0.12779302   0.092905201   0.07082983   0.061122604   0.104461753
0.109019797   0.07082983   0.07082983   0.12779302   0.076783168   0.109019797   0.076783168
0.089808325   0.104461753   0.093989705   0.109019797   0.109019797   0.092905201   0.07082983
0.076783168   0.089808325   0.076783168   0.093989705   0.089808325   0.137338192   0.109019797];
% 关键指标集合中各个指标对应的权值
W = W';
pi=[];
Fi = [25: 35];
% 驱动因子的位置
idxLabel = 36;
% 标签类别
N=[];
ID = 38;
%% 统计标签数
for i=1: size (s2, 1)
    x=mod (i, countX) ;
    if x==0
        x=countX;
    end
    y=ceil (i/countX) ;
    neigblist=zeros (1, length (Fi) +1) ;
    % 初始化统计矩阵
    for j=1: 3
    % 统计Moore邻域
        for k=1: 3
            xx = x+MoveX (j, k) ;
            yy = y+MoveY (j, k) ;
            if (xx>countX||yy>countY||xx<1||yy<1)
            %排除不在矩阵内的样本单元
                continue;
            end
            ii = (yy-1) *countX+xx;
            iii = (y-1) *countX+x;
            if j==2&&k==2
                neigblist (1) = s2 {ii, idxLabel};
                id = s2 {ii, ID};
                idx_ii = ii;
            end
            if s2 {ii, idxLabel}  ~ = 0
                for jj = 1: length (Fi)
                    if abs (1-abs (s2 {ii, Fi (jj) }/ (s2 {iii, Fi (jj) }-eps)) ) > 0.1
                        neigblist (jj+1) =neigblist (jj+1) +1;
                    end
```

```
                    end
                end
            end
        end
    if neigblist (1) >0
        N (end+1, : ) = neigblist;
        N (end, 1) = id;
        idx_ii;
    end
end
for i = 1: length (N)
    for j=1: 7
        pi (i, 1) = N (i, 1) ;
        pi (i, j+1) = sum (N (i, idxW (j, : ) +1) /9/5*W (j, : ) ') ;
    end
end
```

%%综合概率值计算

```
load ('H: \成都市数据处理GIS\样本单元重构100\调模型\深度学习模拟\实验结果\实验三\预测
2025\Bag.mat')
predScore = predScore_Bag;
score = predScore (:, 1: end−1) ;
load ('H: \成都市数据处理GIS\样本单元重构100\综合概率计算\5个指标个数占比平均\只更新一类用
地\大于\s1.mat')
pi=pi (:, 2: end) ;
for i = 1: length (score)
    for j = 1: 7
        %score (i, j) = score (i, j) * (1+pi (i, j)) ;
        score (i, j) = score (i, j) +pi (i, j) ;
    end
end
```

%%存数据

```
csvwrite ('Updated.txt', score)
save ('Updated', 'score')
%求出P最大值，将.mat数据返回为shp文件
farm_p=csvread ('H: \成都市数据处理GIS\样本单元重构100\调模型\CA规则\比值大于10%\farm_
p.csv') ;
S = shaperead ('H: \成都市数据处理GIS\样本单元重构100\数据源\数据源\研究区格网．shp') ;
```

%%提取最大概率值

```
maxscores = zeros (length (S) , 1) ;
L = maxscores;
for i = 1: length (S)
    [a, b] = max (farm_p (i, : )) ;
    L (i) = b;
    S (i, : ) .ID = L (i) ;
end
shapewrite (S, "farm_updated_P.shp")
```

11.4 模拟结果空间表达

11.4.1 精度检验

模拟结果显示，Kappa系数达到0.66，精确度达到0.76。一般认为，Kappa可按照一致性的不同级别，划分为以下5组：0.00~0.20，极低的一致性；0.21~0.40，一般的一致性；0.41~0.60，中等的一致性；0.61~0.80，高度的一致性；0.81~1，几乎完全一致。对于准确度评估结果，0.66的Kappa系数表明预测结果与实际情况具有高度的一致性。此外，耕地、林地、草地、水域、农村居民点和其他建设用地的AUC值（随机给定一个正样本和一个负样本，用一个分类器进行分类和预测，该正样本的得分比该负样本的得分要大的概率）均大于0.8，城市土地的AUC值大于0.9。图11-2表明本研究所构建的模型，其模拟精度的科学可靠性均较高，可进行未来情景的仿真模拟。

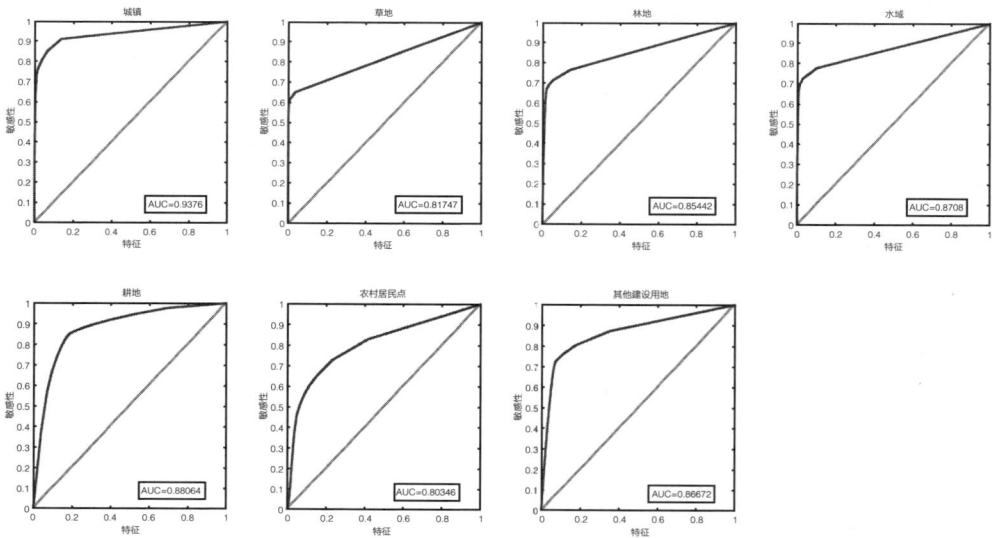

图11-2 ROC曲线和AUC值

11.4.2 多情景模拟结果

图11-3的结果显示，与2020年相比，三种模式均表现为生活空间的面积显著减少，生产空间显著增加，生态空间持续减少。从"三生空间"的面积配比来看，在所有情景下，生产空间占比最大，生活空间规模次之，生态空间占比最小。从整个研究区来看，在所有情景下，成都城市核心区2025年的整体国土空间格局没有发生明显变

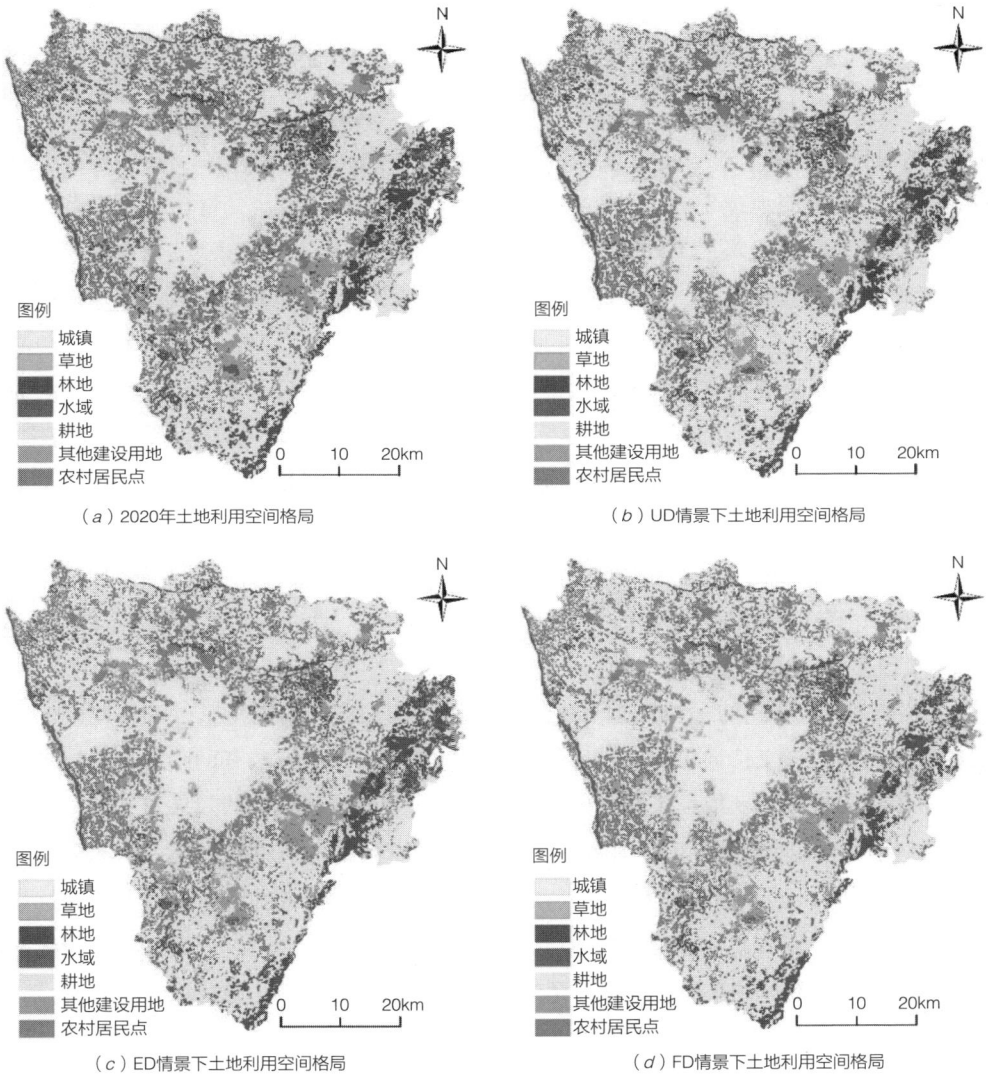

（a）2020年土地利用空间格局

（b）UD情景下土地利用空间格局

（c）ED情景下土地利用空间格局

（d）FD情景下土地利用空间格局

图11-3　多情景国土空间模拟结果

化，以组团式为主。生活空间内部用地主要表现为城市土地在持续扩张，主要位于当前建成区周围，呈现出一核多中心的空间分布格局；农村居民点整体规模在持续缩小，分布于城市土地外围区域；其他建设用地在不断输出（即缩小）。生态空间内部用地主要表现为草地在持续锐减，主要识别为主城外环区域（即环城大型公园被识别为人工草地）；林地比较特殊，不同的情景，扩张与收缩变化不一，但主要集中于东南侧龙泉驿山脉；水体在不断输出。生产空间内部用地主要表现为耕地在增加，主要与农村居民点混杂交错分布。

11.5　延伸阅读

11.5.1　指标权值的赋值方法

CA的特点是通过一些简单的局部转换规则，模拟出非常复杂的空间结构。但在模拟真实的城市或地理现象时，CA要使用很多空间变量，这些变量往往对应着许多参数，这些参数值反映了不同变量对模型的"贡献"程度。研究表明，CA的模拟结果受模型参数的影响很大。对CA进行校准，可以获得合适的参数值，使得CA能产生真实的模拟结果。

然而，受制于数据有限、考虑要素单一以及系统认知不足等原因，以往的规划体系对不同指标参数阈值的判定，通常是结合区域适宜性分析来推算指标的区间范围，或者运用熵值法、层次分析法等数理统计的方法，计算指标参数权值。其本质是基于实践和经验主义的主观判断，缺乏基于智能模型的科学分析，因些影响了规划的科学性。在今后的情景模拟中，需要进一步探索如何自动化参数的调节过程，使指标要素更精确地服务于情景模型。

11.5.2　CA规则

获取CA转换规则的一些智能化的方法包括数据挖掘、遗传算法、Fisher判别、非线性支持向量机、支持向量机、粗糙集、案例推理等。这些方法有助于从自然界复杂的关系中找出规律，获取模型所需要的转换规则，从而改善模拟的效果。

CA应用于地理学领域时，往往涉及大量的空间数据，利用数据挖掘技术自动获取CA转换规则的新方法，将大大提高CA的模拟能力。所获得的转换规则无需通过数学公式来表达，能方便、准确地描述自然界中的复杂关系；同时，还可以从海量数据中挖掘出知识。具体的知识获取过程是借助机器学习的算法来实现的。

此外，当CA仅仅用来检验不同的假设，或进行有关城市理论的探讨时，该类模拟往往不涉及具体的城市及使用真实的数据，一般不需要对模型进行校准。但当CA用于模拟真实城市时，就需要对模型进行校准（calibration），以获得合适的参数值。可惜，目前有关CA校准的研究不多，所提出的方法也具有一定的局限。

11.5.3　案例延伸

目前，对于影响城市系统演化的关键要素（如人口、活动、交通和土地利用等）的过程模拟依然无法实现完整的耦合，缺少通用、统一的城市系统模型。从驱动力的时空差异化扩展到未来用地情景分析的研究相对缺乏。而CA作为动态规划中一种主要的自底向上的建模方法，可以有效地描述和模拟复杂系统，通常用于研究自组织系统的演化。近年来，CA模型因其直观性、灵活性、开放性的结构及其整合过程时空维度的能力，而被广泛应用于对城市增长模式的模拟和对未来土地利用变化的预测。由于结构相对简单，传统的 CA 模型在建模时只关注空间分配中的邻域效应，而忽略了土地空间变化的驱动力。当前的 CA 模型在多场景建模中需事先设定各类用地在不同情景下的未来总量，才能实现其在未来多情景下的空间分布最大概率模拟，这一做法忽略了多场景中驱动因素的差异化配置以及动态变化。未来多场景协同的空间模拟演变机制，需要更多地考虑粮食安全、城镇建设、生态保护等规划目标和指标集，并通过指标阈值测算，确定多目标情景模拟模型中差异化的指标值，从而得出满足国土空间规划多种目标的系统方案。

参考文献

［1］BATTY M，XIE Y C. From cells to cities［J］. Environment and planning B：urban analytics and city science，1994，21（07）：531–548.

［2］LI X，YEH A G O. Neural–network–based cellular automata for simulating multiple land use changes using GIS［J］. International journal of geographical information science，2002，16（04）：323–343.

［3］WHITE R，ENGELEN G. Cellular automata and fractal urban form：a cellular modelling approach to the evolution of urban land–use patterns［J］. Environment and planning A：economy and space，1993，25（08）：1175–1199.

［4］WU F，WEBSTER C J. Simulation of land development through the integration of cellular automata and multicriteria evaluation［J］. Environment and planning B：urban analytics and city science，1998，25（01）：103–126.

［5］陈艺，蔡海生，张学玲，等. 基于MCE的饶河流域国土空间生态质量综合评价及其空间分异［J］. 生态学报，2021，41（06）：2236–2247.

［6］王少剑，崔子恬，林靖杰，等. 珠三角地区城镇化与生态韧性的耦合协调研究［J］. 地理学报，2021，76（04）：973–991.

第 12 章

地理大数据下的都市农业空间潜力的识别

12.1 理论基础

地理信息大数据是指具有空间位置属性的海量数据，包括遥感影像、GPS轨迹、地图矢量数据、地理社交媒体数据等。它具有数据量大、类型多样、时空特性明显等特点，地理信息大数据在以下领域有着广泛应用。

（1）智慧城市。利用地理信息大数据进行城市规划、交通管理、公共设施布局等，以提高城市管理和服务水平。

（2）灾害监测与应急响应。通过对卫星遥感影像、无人机航拍数据等的分析，实现灾害的早期预警、实时监测和快速评估。

（3）位置服务与移动出行。利用位置大数据优化出行路线、提供个性化位置服务，如打车、外卖配送等。

（4）商业选址与户外广告。通过分析人口分布、消费行为等地理信息大数据，为企业选址和户外广告投放提供决策支持。

（5）资源环境监测。利用遥感影像和地面监测数据，进行土地及水资源利用、大气污染等的监测和评估。

地理信息大数据的处理和分析需要结合地理信息系统（GIS）、遥感系统（RS）、全球定位系统（GPS）等技术，以及大数据的存储、计算、可视化等技术。[1]

12.1.1 都市农业概念简介

1826年，德国经济学家冯·杜能通过对农业生产方式与距离城市远近的关系进行深入分析，划分了6个农业圈，由此提出农业产业区位分布理论。伊利尔·沙里宁（Eliel Saarinen）为了减少城市建筑密集对区域整体发展的不利影响，提出了"有机疏散理论"。由于城市扩张，城市生态环境恶化，1898年，英国学者埃比尼泽·霍华德结合城市较好的生活条件以及乡村安静、清新的自然环境，形成了"田园城市理论"。[2] 1969年，东洋大学教授矶村英一根据日本人多地少的实际情况，提出了"都市第三空间理论"，他认为现代都市应该为人类提供三大空间，即居住的地方、生产的地方和户外休闲的场所。城市的快速发展使人类的居住和生产空间被大大拓展，而个人的活动空间却被局限于住宅和办公楼之中，从而导致了人与自然的隔绝；因此，现代都市应该规划出第三空间，让人们享受阳光和绿地。1974年，东京大学名誉教授松尾孝岭提出"环境农业理论"，认为在城市化快速发展的地区，农业应该由传统意义上以粮食生产为目的的城郊农业转向以提供生态环境和休闲空间为目的的都市农业，农业的功能发生了变化。1977年，美国农业经济学家艾伦·尼斯正式提出"城市农业"（Urban Agriculture）的概念，但这一时期对"城市农业"的研究仍然属于农业理论的范畴。1987年，国际生态城市建设理事会主席瑞杰斯特（R. Register）最早提出了生态城市的概念；在对伯克利所作的城市研究中，他把农业视为"决定伯克利城市命运的关键因素之一"，提议成立都市农业部，来帮助人们自己种植，"把无法由私人实施耕种的城市土地投入到食物和木材的生产中"，以便发展各种尺度和形式的都市农业。

直到2000年后，在环境、资源、食品危机日益严重，低碳、生态、可持续发展成为普遍共识的时代背景下，农业生产活动中人与自然平衡的人文精神和生存智慧很快引起了城市规划学者的共鸣，以农业视角审视城市发展的研究进入了空前的繁荣期。在这一时期，出现了相对完整的都市农业空间理论，将城市与农业结合起来；其研究重点从"城市农业"将农业作为城市要素的嵌入，演进到以农业视角组织、提升城市空间。关于农业城市主义的研究，到目前为止，世界范围内最具有代表性和体系相对完整的理论主要包括下述4种。

（1）连贯式生产性城市景观（Continuous Productive Urban Landscapes，CPULs）：着眼于城市生态基础设施和多功能开放空间，将农业生产、生态服务与公共活动融合为连贯的城市景观网络，强调都市农业在空间规划、生态修复与社会参与方面的多重价值。

（2）食物都市主义（Food Urbanism）：关注城市中的"食物生产"和"食物系统"。

（3）农业城市主义（Agrarian Urbanism）：从社区角度组织有农的城市空间。

（4）食物敏感型规划与城市设计（Food-Sensitive Planning and Urban Design，FSPUD）：从食物循环的4个关键过程组织城市空间。[3]

12.1.2　AOI数据简介

在目前主流互联网电子地图中，POI（Point of Interest）指兴趣点，每个POI至少包含名称、地址、类别、经纬度坐标4项基本信息，它可以是一栋房子、一个商铺、一个小区出入口或一个公交站等。AOI（Area of Interest），顾名思义，指的是互联网电子地图中的兴趣面，同样包含4项基本信息，主要用于在地图中表达区域状的地理实体，如一个居民小区、一所大学、一栋写字楼、一个产业园区、一个综合商场、一家医院、一个景区或一座体育馆，等等。与POI相比，AOI具有更好的表达力、计算力和稳定性（POI瞬息万变，而AOI所表达的地理实体的变化频率要低很多）；但POI比AOI的抽象层次更高，万事万物都可以抽象为一个点，从而实现降维，回归本源。

随着云计算、物联网、5G等信息技术的发展，人类正在快速推进地理空间到信息空间［基于信息通信技术（ICT）技术构建］的映射和关联，如目前的O2O模式。而AOI所表达的地理实体是所有社会经济活动的地理载体；因此，以AOI数据为载体，将组织的业务数据、生产材料、生产工具、运营策略、人等所有生产要素组织起来，能够有效地完成线上线下一体化，推进组织向信息空间进化。AOI数据大体上可以分为栅格AOI数据和矢量AOI数据两大类。

栅格AOI数据指各类栅格数据，每个像素所表达的地理空间范围（分辨率）是栅格AOI数据的边界，每个像素中存储的各类数值（多波段）是栅格AOI数据的属性值。目前，栅格AOI数据的获取方式越来越多，获取成本越来越低，分辨率越来越高，波段越来越丰富，处理算法和工具越来越成熟。当然，应用领域也越来越广泛；如ASTER GDEM V2数据，每个像素的大小为30m×30m，像素的值为大地高程值。

简单来说，矢量AOI数据就是矢量地图数据中的各类面的数据，如最基本的行政区划面数据，这也是各类GIS应用系统中用得最多的AOI数据。我们在不同的行业应用系统中把各类属性关联到行政区划面中，进行统计、分析、可视化，并以此将GIS统计分析算法、模型、思维引入各行各业，满足业务需求，以此体现GIS的价值。

随着ICT技术的不断发展，数据处理能力飞速提升，同时线上应用场景也越来越精细化，并强调差异化，越来越多的决策需要更加细致的数据支撑（目前看来，以区县为单位作经营决策，对很多大公司都是一个挑战）。因此，对AOI数据的要求越来越高，本质上是越来越真实化，即建立真实世界在信息世界的映射。目前，三大互联网巨头都投入巨资做互联网地图入口，积累了大量高质量的AOI数据，更新频率也较高，是理想的AOI数据源。使用Python爬虫开发工具，可以获取互联网地图的POI和AOI数据，再基于位置关联主流房地产、旅游、交通、美食、生活服务等网站的相关数据，可以建立覆盖全面、坐标相对精确、时效性好、属性内容丰富的AOI矢量数据，这些矢量数据是各行业GIS应用场景的重要基础数据。[4]

12.2　案例背景

12.2.1　问题描述

城市化、气候变化和粮食安全是三个密切相关的问题。据世界银行的最新报告显示，到2050年，预计世界上70%的人口将居住在城市。[5]城市地区产生了超过70%的全球温室气体和一半的全球废物，且消耗了世界上75%的资源。[6]此外，由于人口的快速增长，城市需要越来越多的粮食供应；与此同时，城市的增长减少了城市和城郊的绿地。因此，近年来有越来越多的研究涉及城市和城郊农业（Urban and Peri-Urban Agriculture，UPA）以及制定新战略，以确保居住在城市地区的人们的粮食供应和粮食安全。在城市地区，UPA可以被视为能够生产食物的可食用绿色基础设施，也可以帮助缓解和适应气候变化。[7]环境地理信息系统（EGIS）利用自然资本提供创新的解决方案，以应对城市和社会所面临的挑战。在这种情况下，粮食安全和气候变化的缓解和适应被认为是相关的城市挑战，UPA应该是一个可行的解决方案，有助于建设更有韧性的城市。

　　农业土地的持续损失使粮食安全成为发达国家一个日益严重的问题，特别是对居住在城市地区的人口来说，这一问题需要创新的解决方案。[8]粮食安全可以被定义为"所有社区居民都获得安全、文化上可接受、营养充足的饮食"的条件，通过一个可持续的食物系统，最大限度地提高社区自力更生的能力和社会效益。这一定义表明，粮食安全并不仅仅是贫穷国家的问题，也不只与营养有关，而是一个复杂的术语，具有多功能的特征——社会、经济、生态、文化、政治和心理学。此外，粮食安全的定义强调的是获得足够的健康食品，而非食物的供应。目前，城市的粮食需求已通过基于工业化和全球供应链的粮食系统得到了满足，但无论从社会的角度还是环境的角度来看，这种模式都是不可持续的。实现一个可持续的粮食系统需要作出真正的改变，能够促进当地的食品生产和消费，将城市地区作为关键的参与者，将绿色、可食用的植被融入城市的边界地带。从理论上来讲，城市必须重新规划、重新设计，将农业生产空间作为一个新的社会生态空间，克服城市与农村之间的冲突，实现城市的可持续发展。

12.2.2　解题思路及步骤

　　依据问题描述中的要求，选择成都市中心城区作为研究对象，通过遥感影像数据、土地利用数据和AOI数据等多源大数据的解译，并通过GIS的可视化，来定位和量化可用的农业潜力区域，即成都市的平面屋顶和地面区域。然后，考虑普通UPA产值和平均消费量，估计可能的园艺产量。尽管城市建成区域内的建筑密度很大，但已确定的地区如果转变为农业地区，就有为居民生产足够蔬菜的潜在可能性，并缓解和适应气候变化。最后，本研究对UPA多功能的协同效益进行了思考，并提出了一些政策建议。

12.3　工具简介

12.3.1　Python IDLE

　　IDLE是Python的一个集成开发环境（Integrated Development and Learning Environment），它是Python标准发行版的一部分。IDLE是用Python编写的，其Tkinter图形用户界面（GUI）库为用户提供了一个学习和使用Python的友好方式。它是一个适合初学者的工具，但也包含了专业开发者所需的多种功能。IDLE的名称既是对英国六人喜剧团体Monty Python的成员艾瑞克·爱都（Eric Idle）的致敬，也代表了它作为一个学习环境的目的。

12.3.2　记事本编辑器

最初设计记事本的目的是提供一个简单、快速的方式来创建和编辑纯文本文件。它不支持富文本格式（又称多文本格式），例如粗体、斜体或下划线，这意味着所有的文本都是无格式的。尽管功能简单，记事本在执行快速文本编辑和查看操作时，仍然非常有用。使用场景包括快速查看或编辑纯文本文件、编写简单的代码和脚本，以及临时记录信息。

12.3.3　申请高德地图开发者Key

高德地图公司（AMap）是中国一家提供详尽地图数据服务的公司，它的服务包括但不限于地图查看、路线规划、位置搜索以及各种位置服务的API。为了使用高德地图提供的API和其他开发者资源，需要申请一个高德地图开发者Key，这个Key可以被视为一种访问权限，以确保API的使用是在高德的监管之下进行的，同时帮助高德管理和优化服务资源。

申请高德地图开发者Key的流程；先在高德地图的开放平台（https://lbs.amap.com/）注册一个账号。登录后，在控制台中创建一个新的应用。你需要为其命名并提供其他相关信息，如应用类型（移动端或Web端）等。创建应用后，系统会自动生成一个唯一的开发者Key（也称API Key或Access Key），这个Key将被用于API调用时的身份验证。在获得Key之后，你可以根据你的应用需求，配置相应的服务或API限制（如调用次数限制、IP白名单设置等）。高德地图开发者Key的应用场景包括位置搜索与展示、路径规划与导航、地理编码与逆地理编码，以及周边搜索等。

12.4　AOI的获取方法

12.4.1　单个AOI的获取

1. 获取AOI ID

通过高德查看页面源代码的方式来获取ID。搜索地物，点击高德用以标记AOI对象的蓝绿色文字（没有形状标识的纯文字，好像一般都是AOI对象），AOI区域会被蓝色边框的透明多边形蒙住。这个时候地址栏会变化，最后的那一串字符就是我们所需要的ID（图12-1）。

2. 获取边界信息

通过https://ditu.amap.com/这个信息查询接口，我们只要把ID粘贴到后面，就可以打开地物的信息页面。文化公园的部分详情如图12-2所示，shape后面那些数据就是我们想要的坐标信息。

图12-1　ID的显示

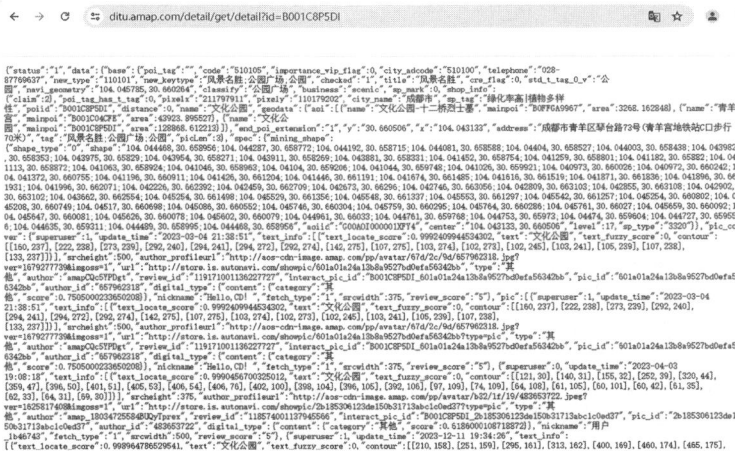

图12-2　坐标的显示

3. 构建代码、清洗数据并定义数据

```
poi_boundary_url=https://ditu.amap.com/detail/get/detail?id=
%信息查询接口
id ='B01FE162TD'
boundary_request=paste (poi_boundary_url,id, sep='')
%生成查询网址
aoi= GET (boundary_request) %>% content (as="text", encoding="UTF-8") %>% fromJSON
(flatten=TRUE)
%获取详情页信息
aoi_shape=aoi %>% '[[' ('data') %>% '[[' ('spec') %>% '[[' ('mining_shape') %>% '[[' ('shape')
```

```
%提取坐标数据
aoi_polygon=aoi_shape %>% str_split ('; ') %>% '[[' (1) %>% as.matrix (ncol=1) %>% apply (2, str_split, ',
')
%提取得到的数据是字符串类型，需要分割
aoi_polygon2=aoi_polygon[[1]] %>% lapply (as.numeric) %>%
%由字符串转换为数字
list.rbind %>% gcj02_wgs84_matrix_matrix %>% list %>%
%由高德坐标系转换为wgs84坐标系
st_polygon %>% st_sfc (crs=4326)
%定义为面对象后定义为sf类型中需要的sfc对象
aoi_sf=st_sf (name=aoi$data$base$name, aoi_polygon2)
%与地物名称合并，生成一个sf对象代码部分到这里就结束了，再把上面的代码生成一个函数，然
%后构建一个循环就可以了
plot (aoi_sf$aoi_polygon2)
```

注：这个信息查询接口并非高德开放的API接口，所以千万不能用并行程序同时获得信息，只能一个个地循环。循环的间隔需要留长一点，每次获取信息最好能间隔10秒左右，而且最好不规则，否则高德会限制这个IP的使用。

12.4.2　批量AOI的获取

爬取高德地图的AOI区域并进行可视化存储，且保留AOI的属性信息；批量AOI的获取方法如下：

```
import requests
import pandas as pd
import json
import time

%检索POI的URL
poiUrl="https://restapi.amap.com/v3/place/text? keywords=公园&city=成都&output=JSON&offset=20&
key={Key, 不含大括号}&extensions=all&page="
%检索AOI的URL
aoiUrl="https://ditu.amap.com/detail/get/detail?id="
%用于储存POI数据
x=[]
%用于储存AOI数据
y=[]
%计数
num=0
%逐页POI检索，注意API限制
for page in range (1, 7):
    %构造URL
    thisUrl1=poiUrl+str (page)
    %获取POI数据
    data1=requests.get (thisUrl1)
```

```
        %转为JSON格式
        s=data1.json ()
        %解析JSON
        aa=s["pois"]
        %对每条POI进行读取
        for k in range (0, len (aa)):
            poiid=str (aa[k]["id"])
            %构造AOI的URL
            thisUrl2=aoiUrl+poiid
            %获取AOI数据
            data2=requests.get (thisUrl2)
            %转为JSON格式
            ss=data2.json ()
            %解析JSON
            aaa=ss["data"]
            key=aaa["spec"]

            %判断AOI检索是否包含形状信息
            haveShp=0
            for item in key:
                if item=="mining_shape":
%有形状信息
                    haveShp=1
            if haveShp==0:
                continue
%若无则跳出本条POI检索
            %获取POI信息并存储
            pois1=aa[k]["name"]
            pois2=aa[k]["type"]
            pois3=aa[k]["address"]
            pois4=aa[k]["adname"]
            pois5=aa[k]["location"]. split (", ")
            x.append ([poiid, pois1, pois2, pois3, pois4, float (pois5[0]), float (pois5[1])])
            %获取AOI信息并存储
            aoilocs=str (key["mining_shape"]["shape"])
            locs=aoilocs.split ('; ')
            order=0
            for i in range (0, len (locs)):
                loc=locs[i]. split (', ')
                lon=loc[0]
                lat=loc[1]
                y.append ([poiid, pois1, pois2, pois3, pois4, order, lon, lat])
                order+=1
        num+=1
        print ("爬取了 "+str (num)+" AOI数据")
        time.sleep (random.randint (0, 5))
```

```
%暂停0~3秒的整数秒，时间区间：[0, 5]
%将数据结构化存储至规定目录的CSV文件中
c1=pd.DataFrame (x)
c1.to_csv ('E: /poi.csv', encoding='utf-8-sig')
c2=pd.DataFrame (y)
c2.to_csv ('E: /aoi.csv', encoding='utf-8-sig')
```

注：高德官方《API使用条款》要求开发者申请授权（Key），并遵守技术限制，确保爬取内容不含个人信息或敏感信息，不侵害国家利益，不得用于商业场景。

12.5   延伸阅读

在扩大城市当地粮食生产活动的规模时，需要仔细考虑以下几个潜在的挑战。许多城市的土壤受到了工业污染物的污染，因此必须仔细监测用于当地消费的大规模城市农业[9]，而当地的空气污染也可能降低城市农业的生产力和安全性。[10]为城市农业发展准备一个需要修复、限制使用或清除土壤的存放场地，其成本可能是不合理的。此外，屋顶农业虽然增加了额外的生活收入，但屋顶上的负荷可能会增加结构的危险性和维护费用。考虑到城市农业的经济回报，对目前无法承受额外负荷的现有结构进行改造可能成本高昂。同时，为地面农业和屋顶农业提供足够的淡水资源也可能成为降低社区花园扩张速度的一个重要因素。城市农业的扩张可能会要求增强某些生态系统的服务，这也会带来负面的影响。将开放地块转化为密集使用的场地可能会影响野生动物栖息地。大规模清除灌木和树木，以改善阳光的可利用性，也可能会影响城市热岛效应和雨水管理。在100%利用情景下假设的雨水管理，由于在城市中额外使用杀虫剂和化肥而造成的地表径流和水质退化，可能会影响当地的水体。先前的研究发现，一些城市花园使用的肥料远远超过了植物的需求[11]，这可能造成生态系统的进一步破坏。在一些国家，由于农业活动导致噪声污染而引起当地居民的反对，是城市农业发展所面临的另一个关键问题。所以，当下应如何合理地发展城市农业仍是一个有待深入研究的领域。

参考文献

[1] 郑宇伯. 互联网+背景下现代化电子信息技术的发展及应用 [J]. 信息科学与工程研究，2020，1（01）：14-16.

[2] 黄怡. 从田园城市到可持续的明日社会城市——读霍尔（Peter Hall）与沃德（Colin Ward）

的《社会城市》[J]. 城市规划学刊, 2009（04）: 113-116.

[3] 刘颖, 许为. 都市农业理论研究进展 [J]. 江汉论坛, 2008（06）: 69-71.

[4] 欧阳元东. 基于Python的网站数据爬取与分析的技术实现策略 [J]. 电脑知识与技术, 2020, 16（13）: 2.

[5] SPECHT K, SIEBERT R, HARTMANN I, et al. Urban agriculture of the future: an overview of sustainability aspects of food production in and on buildings [J]. Agriculture and human values, 2014, 31（01）: 33-51.

[6] JABAREEN Y. Planning the resilient city: concepts and strategies for coping with climate change and environmental risk [J]. Cities, 2013, 31（04）: 220-229.

[7] MARAGNO D, FONTANA M D, MUSCO F. Mapping heat stress vulnerability and risk assessment at the neighborhood scale to drive urban adaptation planning [J]. Sustainability, 2020, 12: 1056.

[8] SMITH L C, FRANKENBERGER T R. Does resilience capacity reduce the negative impact of shocks on household food security? evidence from the 2014 floods in northern Bangladesh [J]. World development, 2018, 102: 358-376.

[9] MEHARG A A. Perspective: city farming needs monitoring [J]. Nature, 2016, 531: S60-S60.

[10] WORTMAN S E, LOVELL S T. Environmental challenges threatening the growth of urban agriculture in the United States [J]. Journal of environmental quality, 2013, 42（05）: 1283-1294.

[11] DEWAELHEYNS V, ELSEN A, VANDENDRIESSCHE H, et al. Garden management and soil fertility in flemish domestic gardens [J]. Landscape and urban planning, 2013, 116: 25-35.

第 13 章

地理探测器模型——
超大城市夜间人口活力
影响因素研究

13.1   理论基础

地理探测器模型（GeoDetector）是在2010年由中国科学院地理科学与资源研究所研究员王劲峰及其研究团队在《Geographical Detectors-Based Health Risk Assessment and Its Application in the Neural Tube Defects Study of the Heshun Region, China》一文中首次提出[1]，完成了对中国山西省和顺县新生儿神经管畸形地理环境影响发病因子的分析，为环境健康研究提供了新方法。随后，在2017年王劲峰团队发表于《地理学报》的论文《地理探测器：原理与展望》[2]中，系统地阐述了地理探测器模型的原理和使用。如今，地理探测器已成为主流地理分析模型，被广泛应用于流行病研究、环境影响因子分析、植被变化驱动力分析等领域。

13.1.1   地理探测器的原理

地理探测器是探测空间分异性，并揭示其背后驱动力的一组统计学方法。空间分异性，全称为空间分层异质性（Spatial Stratified Heterogeneity，SSH），是指某一属性值在不同类型或区域之间存在差异，如果子区域统计的方差之和小于区域总方差，则存在空间分层异质性。空间分层异质性普遍存在，例如土地类型、气候分区、胡焕庸线、遥感分类等，是世界规律性在地理空间的体现。[3-5]

地理探测器的核心思想是基于这样的假设：如果某个自变量对某个因变量有重要影响，那么自变量和因变量的空间分布应该具有相似性。[6]地理空间分层异质性既可以用分类算法来表达，例如环境遥感分类；也可以根据经验确定，例如胡焕庸线。地理探测器擅长分析类型量，而对于顺序量、比值量或间隔量，只要进行适当的离散化，也可以利用地理探测器对其进行统计分析。因此，地理探测器既可以探测数值型数据，也可以探测定性数据，这正是地理探测器的一大优势。

地理探测器的另一个独特优势是探测两因子是如何交互作用于因变量的。交互作用常见的识别方法是在回归模型中增加两因子的乘积项，检验其统计的显著性。然而，两因子的交互作用不仅有相乘关系。地理探测器通过分别计算和比较各单因子的q值及两因子叠加后的q值，可以判断两因子是否存在交互作用，以及交互作用的强弱、方向、是线性还是非线性等。两因子叠加既包括相乘关系，也包括其他关系，只要有关系，就能检验出来。

13.1.2   地理探测器的构成

空间分异性是地理现象的基本特征之一。地理探测器是探测和利用空间分异性的工具，包括4个模块：因子探测器（Risk Factor Detector）、交互作用探测器（Interaction Detector）、风险区探测器（Risk Area Detector）和生态探测器（Ecological Detector）。

1. 因子探测

因子探测是探测因变量Y的空间分异性以及自变量X在多大程度上解释了因变量Y的空间分异，并用q值度量。q的值域为$[0, 1]$，值越大，说明Y的空间分异性越明显；如果分层是由自变量X生成的，则q值越大，表示自变量X对属性Y的解释力越强，反之则越弱。在极端情况下，q值为1，表明因子X完全控制了Y的空间分布；q值为0，表明因子X与Y没有任何关系；q值表示X解释了$q \times 100\%$的Y。q值的表达式为：

$$q = 1 - \frac{\sum_{h=1}^{L} N_h \sigma_h^2}{N\sigma^2} = 1 - \frac{SSW}{SST} \tag{13-1}$$

式中：　　h——因变量Y或因子X被划分的层次（Strata，即分类、区域分组）；

$\qquad\qquad h=1, \cdots, L$；

$\quad N_h$和N——层h内和全区的单元数；

$\quad \sigma_h^2$和σ^2——层h内和全区的Y值的方差；

SSW、SST——层内方差之和（Within Sum of Squares）、全区总方差（又称总离差平方和，Total Sum of Squares）；

$\qquad\qquad q$——自变量对因变量的解释力。

2. 交互作用探测

交互作用探测是识别不同风险因子X_s之间的交互作用，即评估因子X_1和X_2共同作用时，是否会增加或减弱对因变量Y的解释力，以及这些因子对Y的影响是否是相互独立的。评估的方法是首先分别计算两因子X_1和X_2对Y的q值——$q(X_1)$和$q(X_2)$，并且计算它们交互（叠加变量X_1和X_2两个图层相切所形成的新的多边形分布）时的q值——$q(X_1 \cap X_2)$，并对$q(X_1)$、$q(X_2)$与$q(X_1 \cap X_2)$进行比较。

若$q(X_1 \cap X_2) < \min[q(X_1), q(X_2)]$，交互作用力为非线性减弱；

若$\min[q(X_1), q(X_2)] < q(X_1 \cap X_2) < \max[q(X_1), q(X_2)]$，交互作用力为单因子非线性减弱；

若$q(X_1 \cap X_2) > \max[q(X_1), q(X_2)]$，交互作用力为双因子增强；

若$q(X_1 \cap X_2) = q(X_1) + q(X_2)$，交互作用力为独立作用；

若$q(X_1 \cap X_2) > q(X_1) + q(X_2)$，交互作用力为非线性增强。

3. 风险区探测

风险区探测是用于判断两个子区域间的属性均值是否有显著的差别，用t统计量来检验。

$$t_{\bar{Y}_{h=1}-\bar{Y}_{h=2}} = \frac{\bar{Y}_{h=1} - \bar{Y}_{h=2}}{\left[\dfrac{\mathrm{var}(\bar{Y}_{h=1})}{n_{h=1}} + \dfrac{\mathrm{var}(\bar{Y}_{h=2})}{n_{h=2}}\right]^{\frac{1}{2}}} \qquad (13\text{-}2)$$

式中：$\bar{Y}_h$——子区域h内的属性均值，如发病率或流行率；

$\quad\quad n_h$——子区域h内的样本数量；

$\quad\quad$var——方差。

统计量t近似地服从t分布（学生t分布，Student's t-distribution，简称t分布）。零假设 H_0：$\bar{Y}_{h=1} = \bar{Y}_{h=2}$，如果在$\alpha$的置信水平上拒绝$H_0$，则认为两个子区域间的属性均值存在着明显的差异。

4. 生态探测

生态探测是用于比较两因子X_1、X_2对属性Y的空间分布的影响是否有显著的差异，以F统计量来衡量：

$$F = \frac{N_{X_1}\left(L_2 - 1\right) SSW_{X_1}}{N_{X_2}\left(L_1 - 1\right) SSW_{X_2}} \qquad (13\text{-}3)$$

式中：N_{X_1}和N_{X_2}——两个因子X_1和X_2的样本量；

$\quad SSW_{X_1}$和SSW_{X_2}——由X_1和X_2形成的分层的层内方差之和；

$\quad\quad L_1$和L_2——变量X_1和X_2的分层数目。

其中，零假设 H_0：$SSW_{X_1} = SSW_{X_2}$，如果在α的置信水平上拒绝H_0，则表明两因子X_1和X_2对属性Y的空间分布的影响存在着显著的差异。

13.2 案例背景

13.2.1 问题描述

当前，在加快构建以国内大循环为主体、国内国际双循环相互促进的发展格局的背景下，促进夜间消费成为提升内需的重要手段之一。在2019年国务院办公厅发布的《关于加快发展流通促进商业消费的意见》中，明确提出发展夜间经济、打造夜间消费场景和聚集区的举措。中国各主要城市也纷纷出台各项相关政策，鼓励城市居民出行消费。[7] 但随着城市人口夜间出行的增加，给城市夜间交通、安全及城市规划带来了极大的冲击[8, 9]，对城市人口管理与规划决策也提出了精细化时空粒度的要求。[10] 实时追踪掌握城市居民夜间的时空分布特征，并系统评估城市人口夜间聚集的影响因素，不仅可以为繁荣城市夜间经济提供精准对策，也是当前城市规划和管理的重要研究内容。

目前，面向城市人口活动与城市空间的一系列研究成果比较丰富，主要体现在城市交通研究[11]、公共卫生研究[12]、城市治理研究[13]、环境管理与政策研究[14]等方面。但大部分研究都是基于城市人口活动现象，利用基本的空间分析与可视化方法，简单地获取有关城市人口活动的验证性结果，较少通过数学方法来解释、反映社会经济因素与城市人口活动之间的影响关系，同时也缺乏对影响城市人口夜间热力因素的系统性探究。

国内对夜间人口活动的研究，起步相对较晚，但作为"激发新一轮消费升级潜力"的重要举措，人口夜间热力的时空特征和影响因素已被赋予了新的时代内涵；同时，也给夜间城市经济、城市管理和城市规划都带来了新的挑战。据此，从相互作用关系出发，通过对城市人口夜间热力影响因素的探索，明确影响城市人口夜间热力的普遍因素，以期为各项城市设施配置、城市夜间人口管理提供参考。

13.2.2　解题思路及步骤

依据问题描述中的要求，选择中国6座超大城市（北京、上海、广州、深圳、成都和武汉）的中心城区作为研究对象，通过不同城市多日的百度人口热力图、珞珈（LJ1–01）夜光遥感数据、土地利用数据、道路数据和POI数据等多源大数据，解译城市人口夜间热力信息及其影响因素，构建人口夜间热力模型，综合采用GIS空间分析等方法，利用地理探测器，探索夜间人口热力的影响因素及其各项因素的空间异质性特征。本研究将其运用于超大城市夜间人口热力的影响因素探测，以期为夜间经济发展、城市的有机更新和全面发展提供帮助。

13.3　GeoDetector程序

13.3.1　清空环境变量

这些数据包括因变量Y和自变量数据X。自变量应为类型量，如果自变量为数值量，则需要进行离散化处理。离散可以基于专家知识，也可以直接等分或使用分类算法，如K-means等。在进行离散化和统计时，更科学的做法是充分探究不同空间统计单元大小对地理探测器模型结果产生的尺度效应；更严谨地说，是可变面积单元问题（Modifiable Areal Unit Problem，MAUP），包括尺度效应（不同空间统计格网大小对模型结果的影响）和分区效应（不同自变量离散化方法对模型结果的影响）两方面。

13.3.2　导入xlsx格式样本

将样本（Y, X）导入地理探测器软件，然后运行软件，结果主要包括如下4部分：比较两区域因变量均值是否有显著差异，自变量X对因变量的解释力，不同自变量对因变量的影响是否有显著的差异，以及这些自变量对因变量影响的交互作用。

在导入样本时，第一列为因变量Y，其后分别为X_1、X_2、X_3等自变量，导入

geodetector内的数据（表13-1）。

geodetector数据格式示例　　　　　　　　　　表13-1

人口热力强度（Y）	经济强度（X_1）	土地利用混合度（X_2）	景观活力（X_3）	商业活力（X_4）	道路通达度（X_5）
326	1	10	7	3	2
25	5	2	6	1	2
124	6	1	4	1	5
268	8	2	3	2	7
…	…	…	…	…	…

13.3.3　读取样本并运行

将样本导入后，点击"Real Date"读取各变量，并将不同类型的变量分别输入Y和X的集合中，并点击运行命令"Run"。最终得到4个探测器的结果数据，分别呈现在"interaction_detector""ecological_detector""factor_detector"和"risk_detector"表格内。

13.4　运行结果表达

13.4.1　交互作用探测器

交互作用探测器"interaction_detector"的结果见表13-2。交互作用探测评估因子X_1和X_2共同作用时，是否会增加或减弱对因变量Y的解释力，以及这些因子对Y的影响是否是相互独立的。从图13-1中可以看出，交互作用探测结果均为双因子增强。

13.4.2　生态探测器

生态探测器"ecological_detector"的结果见表13-2。生态探测用于比较两因子X_1和X_2对属性Y的空间分布的影响是否有显著差异。从表13-2中可以看出经济强度（X_1）与土地利用混合度（X_2）、景观活力（X_3）、商业活力（X_4）、道路通达度（X_5）对Y（人口热力强度）的解释力有显著差异；土地利用混合度（X_2）与道路通达度（X_5）对Y的解释力没有显著差异。"Y"表示具有显著差异，"N"表示没有显著差异。

13.4.3　因子探测器

因子探测器"factor_detector"的结果见表13-3，其内容有q、p两个值。q表示每个自变量在多大程度上解释了因变量的空间分异，值越大，说明该自变量对因变量的空间分异解释程度越大；p值是显著性检验的一个结果，本次实验采用95%的置信水平进行显著性检验。

$X_1 \cap X_2$ 削弱							非线性增强
	交互探测结果：双因子增强						
$X_1 \cap X_3$ 削弱							非线性增强
	交互探测结果：双因子增强						
$X_1 \cap X_4$ 削弱							非线性增强
	交互探测结果：双因子增强						
$X_1 \cap X_5$ 削弱							非线性增强
	交互探测结果：双因子增强						
$X_2 \cap X_3$ 削弱							非线性增强
	交互探测结果：双因子增强						
…	…	…	…	…	…	…	…

图13-1　interaction_detector结果示例

ecological_detector结果示例　　　　　　　　　表13-2

类别	X_1	X_2	X_3	X_4	X_5
X_1					
X_2	Y				
X_3	Y	Y			
X_4	Y	Y	Y		
X_5	Y	N	Y	Y	

factor_detector结果示例　　　　　　　　　表13-3

类别	X_1	X_2	X_3	X_4	X_5
q statistic	0.539482	0.646392	0.176754	0.380634	0.493145
p value	0.000	0.000	0.000	0.000	0.000

13.4.4　风险区探测器

风险区探测器 "risk_detector" 的结果见表13-4，用于判断两个子区域间的属性均值是否具有显著的差别。表13-4表示空间分异性是否显著，"Y" 表示具有显著差异，"N" 表示没有显著差异。表格右侧省略的内容为其余区间的属性均值和显著性结果。

类别	X_1	X_2	X_3	X_4	X_5	...
				Risk_detector结果示例		表13-4
X_1						...
X_2	Y					...
X_3	Y	Y				...
X_4	Y	Y	Y			...
X_5	Y	N	Y	Y		...
...	...	...	...	...	...	...

13.5 延伸阅读

13.5.1 可变面积单元问题（MAUP）

从个体尺度的时空数据出发理解地理空间时，不可避免地需要空间聚合的操作，也就是将个体数据映射到预定义好的规则或不规则的空间单元上。目前，大部分研究均使用面状单元（三角网、格网、行政区等）来生成聚合层面的数据集，然而很多面状分析单元的定义与实际研究场景是不契合的。实际上，著名的可变面积单元问题告诉我们，空间分析的结果对于空间的划分方式和单元尺度的选择是异常敏感的。在定量地理学研究中，如何选择最优的空间分析单元也一直是一道没有明确答案的难题。

由MAUP问题造成的统计结果和分析结果的偏差，常以尺度效应（scale effect）和分区效应（zoning effect）来描述。尺度效应导致不同聚合水平间统计结果的差异，变量间的相关性依赖于数据聚合时的面积单元大小，即分区数目或区划分类数。分区效应描述了同一尺度下由于数据的组合或配置的不同而造成的统计结果的差异，即由区划方案导致的结果差异。

13.5.2 最优离散化方法评估

使用适当的无监督离散化方法将连续风险因素转化为离散风险因素是一个重要且困难的问题。然而，没有明确的方法来评估无监督离散化方法的有效性。本研究利用地理探测器模型计算出的PD值和交互式PD值来评估不同离散化方法的有效性。PD值是评估某个风险因素对疾病空间格局影响的指标；交互式PD值是评估两个风险因素在一起时是相互削弱还是相互增强，或者它们是否是独立发展疾病的。PD值和交互式PD值能较好地反映健康结果与其环境风险因素之间的关系，PD值和交互式PD值越高，离散化方法越好。[15]常用的无监督离散化方法有下列5种。

1. 等间隔（EI）法

等间隔法将整个数据值范围平均划分为指定的间隔，而不考虑每个间隔中的数据值。切割点的选择仅取决于数据范围，而忽略数据的分布。该方法非常简单，当数据正态分布时，该方法的效果较好。

2. 分位数（QU）法

分位数法将数据分类为指定数量的区间，每个区间中的单位数相等。该算法可能会导致具有相同值的对象被分配到不同的离散区间中；此外，同一离散区间内的值可能非常不同。该方法适用于线性分布的数据。

3. 自然断点（NB）法

自然断点法旨在确定值在不同区间的最佳排列。这是通过最小化每个区间与区间均值的平均偏差，同时最大化每个区间与其他区间均值的偏差来实现的。换句话说，该方法旨在减小区间内的方差，并最大化区间之间的方差。

4. 几何间隔（GI）法

几何间隔法通过最小化每个区间的元素的平方和来创建几何间隔。这可确保每个区间具有大致相同数量的值，并且区间之间的更改是一致的。该方法旨在处理因大量重复值而严重偏斜的数据。几何间隔法的优点是，它对非正态分布的数据效果相当好。

5. 标准差（SD）法

标准差法被用来计算平均值和标准差，进而使用这些值创建切割点。该方法显示要素的属性值与平均值的差异程度。较大的标准差表示数据点与均值相差甚远，较小的标准差表示它们紧密地聚集于均值周围。

离散化方法评估的流程：首先，选择代表不同离散化水平的离散化方法和区间范围；其次，用它们对连续风险因素进行离散化；再次，使用因子探测器计算离散化连续风险因素的PD值，并使用交互作用探测器计算交互PD值；最后，比较离散化方法各层次的PD值和交互式PD值，输出PD值和交互式PD值最高的最优离散化方法。PD值是离散化方法评估的主要指标；交互式PD值是与不同离散化方法PD值几乎相同的辅助指标。

13.5.3　案例延伸

空间分层异质性（SSH）为检测空间因果关系和一般交互作用提供了一个重要的途径。当Y与X非单调关联时，全局建模可能会混淆，局部模型可能会过拟合，而忽略了总体的趋势。实际上，解决混淆的一个简单方法是将种群划分为均匀地层，这样就可以分别模拟地层并回归地层的趋势。在地理探测器q-函数中，结合SSW和SST统计数据，可以探索两个变量之间的非单调关联，而这可能会被更为传统的线性建模所忽略。[16]

作为分析SSH的新工具，我们认为对与q-函数相关的两个问题需要作进一步研究。首先，$q(L,P)$的值取决于地层的数量（L）和地层的空间结构（P）。在某些情况下，可能会有大量合理的分层（就L和P而言），需要有效的方法来比较它们。与这一点密切相关的是，决定使用的地层数量涉及和地层内部平均水平之间的复杂权衡。

为了与其他形式的统计决策保持一致，AIC统计数据可以提供一种形式化这种权衡的方法，如前面所建议的，但需要做更多的工作来对此进行评估，因为AIC并不直接适用。原因是AIC所基于的PDF并不是基于q-函数的空间分布的一对一映射。例如，不同的空间分布（分层）可能共享相同的PDF。此外，虽然空间自相关和SSH是空间数据的两个重要特征，但在进行空间数据分析时，它们之间的关系及其对两者的影响还有待进一步研究。尽管存在这些问题，但仍有一些经验法则有助于选择（L,P）。

参考文献

［1］WANG J F，LI X H，CHRISTAKOS G，et al. Geographical detectors-based health risk assessment and its application in the neural tube defects study of the Heshun region，China［J］. International journal of geographical information science，2010，24（01）：107-127.

［2］王劲峰，徐成东. 地理探测器：原理与展望［J］. 地理学报，2017，72（01）：116-134.

［3］LI X，YEH A G O. Zoning land for agricultural protection by the integration of remote sensing，GIS，and cellular automata［J］. Photogrammetric engineering and remote sensing，2001，67（04）：471-478.

［4］王铮，孙翊. 中国主体功能区协调发展与产业结构演化［J］. 地理科学，2013，33（06）：641-648.

［5］樊杰. 中国主体功能区划方案［J］. 地理学报，2015，70（02）：186-201.

［6］WANG J F，HU Y. Environmental health risk detection with GeogDetector［J］. Environmental modelling & software，2012，33：114-115.

［7］余构雄. 夜间经济专项政策研究——基于内容分析法［J］. 当代经济管理，2021，43（10）：24-30.

［8］SEIJAS A，GELDERS M M. Governing the night–time city：the rise of night mayors as a new form of urban governance after dark［J］. Urban studies，2021，58（02）：316–334.

［9］ACUTO M，SEIJAS A，MCARTHUR J，et al. Managing cities at night［M］. Bristol university press，2021.

［10］杨振山，苏锦华，杨航，等. 基于多源数据的城市功能区精细化研究——以北京为例［J］. 地理研究，2021，40（02）：477–494.

［11］CHEN C，ZHANG D，LI N，et al. B–Planner：planning bidirectional night bus routes using large–scale taxi GPS traces［J］. IEEE Transactions on intelligent transportation systems，2014，15（04）：1451–1465.

［12］GARIAZZO C，PELLICCIONI A，BOLIGNANO A. A dynamic urban air pollution population exposure assessment study using model and population density data derived by mobile phone traffic［J］. Atmospheric environment，2016，131：289–300.

［13］KONG X Q，LIU Y，WANG Y X，et al. Investigating public facility characteristics from a spatial interaction perspective：a case study of Beijing hospitals using taxi data［J］. ISPRS International journal of geo–information，2017，6（02）：38.

［14］FRAILE A J，CASTANO S S，ALVARO H R，et al. Using mobility information to perform a feasibility study and the evaluation of spatio–temporal energy demanded by an electric taxi fleet［J］. Energy conversion and management，2018，157：59–70.

［15］CAO F，GE Y，WANG J F. Optimal discretization for geographical detectors–based risk assessment［J］. GIScience & remote sensing，2013，50（01）：78–92.

［16］WANG J F，HAINING R，ZHANG T L，et al. Statistical modeling for spatially stratified heterogeneous data［J］. Annals of the American association of geographers，2024，14（03）：499–519.

第 14 章

灾害韧性评价模型——传统村落综合防灾减灾能力定量分析

14.1　理论基础

14.1.1　传统村落

中国传统村落，原名古村落，关于传统村落的概念，在《住房城乡建设部　文化部　国家文物局　财政部关于开展传统村落调查的通知》中明确提出："传统村落是指村落形成较早，拥有较丰富的传统资源，具有一定历史、文化、科学、艺术、社会、经济价值，应予以保护的村落"。该定义为组织开展传统村落的调查、遴选、评价、界定、登录和制订保护发展措施提供了依据。

传统村落的文化内涵主要体现以下三个方面：

（1）传统建筑风貌完整

历史建筑、乡土建筑、文物古迹等建筑集中连片分布或总量超过村庄建筑总量的1/3，较完整体现一定历史时期的传统风貌。

（2）选址和格局保持传统特色

村落选址具有传统特色和地方代表性，利用自然环境条件，与维系生产生活密切相关，反映特定历史文化背景。

村落格局鲜明体现有代表性的传统文化，鲜明体现有代表性的传统生产和生活方式，且村落整体格局保存良好。

（3）非物质文化遗产活态传承

传统村落中拥有较为丰富的非物质文化遗产资源、民族或地域特色鲜明，或拥有省级以上非物质文化遗产代表性项目，传承形式良好，至今仍以活态延续。

14.1.2　灾害韧性

"韧性"在不同学科中的含义不尽相同，20世纪70年代后，韧性概念逐渐被引入生态学领域，其含义是生态系统应对外界扰动时保持原有状态的能力，强调了系统的稳定性。[1]随后，韧性在社会学中亦有所运用，指社会系统利用各种机会，抵抗负面干扰并恢复的能力。灾害韧性涵盖了防灾减灾等相关内容，是韧性思维与灾害研究的有机结合，贯穿于灾害发生的全过程。在灾害学视角下，大部分学者将其视为灾害暴露下社区所具有的抵抗、适应和灾后恢复的能力。[2]

作为降低自然灾害风险和加强灾害适应性管理的有效策略，灾害韧性评价已被国际社会广泛采纳。现有灾害韧性评价研究多以构建指标体系为主，如表14-1所示。国外较为成熟的灾害韧性评价体系主要包括：城市灾害韧性评价卡（Disaster Resilience Scorecard for Cities）、地方灾害韧性模型（Disaster Resilience Optimization for Provinces）、社区韧性基线模型（Baseline Resilience Indicators for Communities）、气候灾害韧性指数（Climate Disaster Resilience Index）、乡村灾害韧性规划（Rural Disaster Resilience Planning Guide Assessing）等。国内主要有中国城市灾害韧性、西南地区灾害韧性以及农村社区灾害韧性等相关评价模型。

国外灾害韧性评价模型表　　　　　　　　表14-1

评价内容	评价指标	时间	来源	测度方法
社区韧性	技术、组织、社会、经济	2003年	TOSE模型	指标评价法
地方灾害韧性	住房及基础设施、生态系统、机构、经济、社会、社区	2008年	DROP模型	指标评价法
社区灾害韧性	社会、经济、住房及基础设施、制度、社区资本、环境	2014年	BRIC模型	指标评价法
气候灾害韧性	物理、社会、经济、制度、自然	2011年	CDRI模型	指标评价法
滨海社区灾害韧性	关键基础设施、交通系统、社区规划、防灾措施、商业计划、社会系统	2015年	CCRI模型	量表打分法
城市灾害韧性	城市基础设施、社区组织、紧急响应	2017年	DRSC模型	量表打分法
洪水灾害韧性	自然环境、社会环境、经济	2023年	DPSEEA模型	智能算法

以上灾害韧性评价体系为城市社区、大城市和城市群等人口密集区提供了有效的灾害风险管理工具。然而，目前对乡村地区的关注相对较少，特别是缺乏对传统村落的系统研究。传统村落不仅承载着民族文化的历史记忆，更是区域灾害系统中最基本的承灾体。近年来，随着地震和各类山地灾害（包括崩塌、滑坡和泥石流等）的频繁发生，传统村落的自然环境、空间格局、文化承载体以及承灾能力均受到了不同程度的影响。因此，开展传统村落灾害韧性的科学评价是保护传统村落的当务之急。

14.1.3　传统村落灾害韧性

传统村落灾害韧性评价是一个动态的过程，涵盖了从灾害预防、响应到恢复的全过程，反映了传统村落在遭遇外部冲击时的综合适应能力和可持续发展能力。鉴于传统村落的特殊性，其灾害韧性不仅关乎物理空间的恢复，更与文化传承和社区认同紧密相连，传统村落的文化传承和社区认同对于抗击灾害、重建秩序以及实现可持续发展发挥着至关重要的作用。因此，在考察传统村落的灾害准备、应对和恢复的过程中，不仅需关注其外在物质损失的弥补与复原，还应注重内在文化价值的传承与保护，在保护传统村落外在环境的基础上，促进其内在文化的可持续发展。

在灾前阶段，应注重提升传统村落对潜在风险的识别能力，制定针对不同类型自然灾害的长期应对计划。通过构建传统村落信息采集与管理数据库，以实现动态灾害预警机制；通过定期开展灾害应急演练活动，以落实预防措施，增强传统村落居民的防灾减灾意识及自救能力。此外，还应制定结合文化保护与自然灾害风险管理的策略，通过系统性地记录和数字化地保存古建筑、古代石刻等物质文化遗产和传统口头文学、民间习俗、传统建筑技艺等非物质文化遗产，确保在灾害发生前，已完成文化遗产的保护和记录工作。

在灾中阶段，应关注传统村落的应急响应能力，包括制定有效的疏散计划、迅速展开救援行动、鼓励居民的自我保护和互助行为，以及对重要文化遗址和传统建筑进行快速评估并及时采取临时性的保护措施。

在灾后阶段，应重视村落的恢复能力和重建能力，这不仅涉及受灾区域的快速重建和对灾民的心理与社会支持，还包括从灾害中吸取教训，改进和加强未来的防灾减灾工作。灾后的文化保护工作应关注文化遗产的物质修复，恢复其历史价值、社会意义和文化连续性。此外，还应结合社区参与，通过开展教育和文化活动，加深当地居民对传统文化的认同感，提升居民的文化自信，促进文化遗产的活态传承。

综上所述，可将传统村落的灾害韧性定义为：在全球化、高速城镇化、农业现代化等社会经济因素和气候变化、地震、台风、暴雨、洪涝等自然环境的外部扰动下，传统村落能够依靠自身或外部力量，有效抵御、适应和灾后恢复的能力；同时，在灾害风险管理的全周期，贯彻文化遗产的保护、传承与活化，以确保社会、经济、生态和传统文化的协同发展。

14.1.4　传统村落灾害韧性评价框架

在当前乡村振兴的大背景下，我国传统村落的综合防灾减灾研究已逐渐引起人们的重视，相关研究包括传统村落防灾体系构建、传统村落防灾减灾能力评价和传统村落有机防灾策略研究等。然而，从灾害韧性的视角审视传统村落的综合防灾减灾能力，不仅需要考虑地理环境、空间形态、建筑格局、文化景观等单一维度对传统村落本体的影响，还应充分考虑在不同空间尺度下各项因素对村落灾害韧性的综合影响，如宏观尺度下传统村落所在区县的社会经济发展水平和中观尺度下乡镇的地理孕灾环境等对灾害韧性的综合影响。目前尚缺乏针对上述多维度、多尺度评价指标体系的系统梳理和定量评价研究。梳理上述研究进展可知，尽管当前对灾害韧性的评价体系还未形成统一的标准，但从社会、环境、生态、区位等维度构建指标体系已成为国内外研究人员的普遍共识。

然而，由于传统村落的特殊性，其灾害韧性评价不仅涉及上述社会、环境、生态、区位四个维度，还涉及历史古迹、建筑群等物质文化遗产和传统文化、建筑营造技艺等非物质文化遗产两个层面。因此，本研究从社会、文化、环境、生态、建筑、区位6个维度构建传统村落灾害韧性评价框架。

同时，保护传统村落不仅是当地居民的责任，也是各级乡镇、区县乃至国家的责

任，除了从不同维度探讨传统村落的灾害韧性水平及其影响因素，还应明确不同空间
尺度下行政单元在传统村落防灾减灾中的主要作用。从宏观层面，基于区县尺度，考
察传统村落在遭遇地震冲击时，依靠县域力量，适应、调整和开展灾后恢复重建的能
力，以及区县对传统村落传承保护的重视程度，选取社会和文化两个维度，综合表征
传统村落灾害韧性的宏观能力。从中观层面，基于乡镇尺度，考察传统村落所在乡镇
的孕灾环境和生态环境质量，选取环境和生态两个维度，综合表征传统村落依赖自然
环境抵御、适应及适时调整应对灾害的能力。从微观层面，聚焦传统村落本体，考察
其空间营造（主要是空间选址和建筑格局）中所蕴含的防灾智慧，选取建筑和区位两
个维度，综合表征在长期的历史演变中，传统村落的空间选址及传统民居建筑对灾害
的自适应能力（图14-1）。

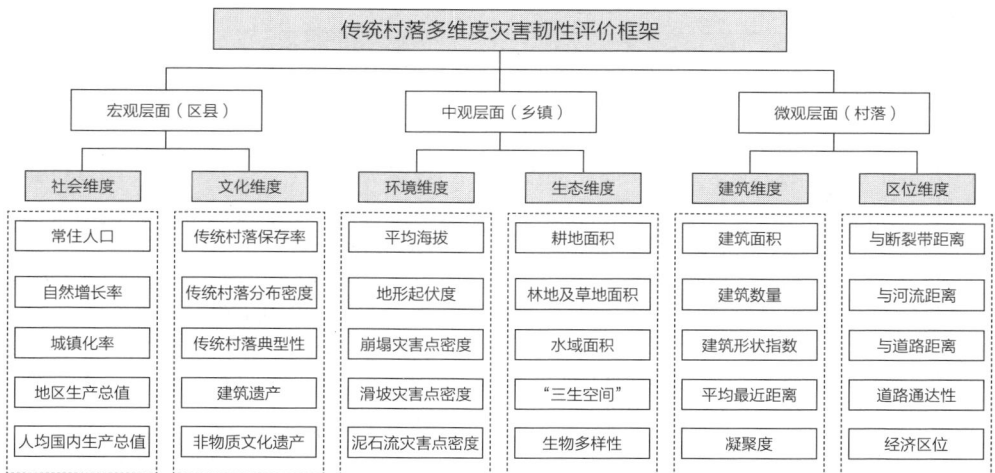

图14-1　传统村落多维度灾害韧性评价框架

14.1.5　传统村落灾害韧性评价指标体系

遵循科学性、综合性和数据易获取性的原则，根据图14-1的传统村落多维度灾
害韧性评价框架，本研究构建了如表14-2所列的传统村落灾害韧性评价指标体系。

宏观尺度，参考缪惠全[3]、许兆丰等[4]基于灾后恢复和防灾视角构建城市韧性
评价指标体系，选取常住人口、自然增长率、城镇化率、地区生产总值、人均国内生
产总值5个指标因子，衡量传统村落所在区县范围内的社会发展水平。参考王淑佳等[5]
构建的传统村落保护水平评价模型，选取传统村落保存率和传统村落分布密度作为文
化维度的评价指标。

传统村落灾害韧性评价指标体系   表14-2

层面	维度	一级指标	二级指标	指标说明
宏观	社会 DR_{soc}	人口与经济发展 [0.1741]	常住人口（+）[0.1284]	反映地区的社会稳定水平
			自然增长率（+）[0.2603]	反映地区人口动态变化情况
			城镇化率（+）[0.2735]	城镇化率促进地区经济发展，并能在一定程度上带动乡村经济
			地区生产总值（+）[0.0859]	反映地区在一定时期内物质生产总成果的重要指标
			人均国内生产总值（+）[0.2519]	衡量人民生活水平的重要标准
	文化 DR_{cul}	传统村落保护 [0.1607]	传统村落保存率（+）[0.5748]	传统村落保存率 R_{RP} 从时间维度评价区域内传统村落的保护水平，表征该地区在现代化进程中保留下来的传统村落的比例；其计算公式为：$R_{RP} = \dfrac{N_{tv}}{N_v}$；式中：$N_{tv}$ 为区域内被列入中国传统村落名录的村落数量；N_v 为区域内全部村级行政单位的数量
			传统村落分布密度（+）[0.4252]	传统村落分布密度 D_{RP} 从空间维度评价区域传统村落的保护水平，表征该地区现存的传统村落空间分布密度；其计算公式为：$D_{RP} = \dfrac{N_{tv}}{A}$；式中：$N_{tv}$ 为区域内被列入中国传统村落名录的村落数量；A 为该区域的占地面积
中观	环境 DR_{env}	孕灾环境暴露 [0.1425]	平均海拔（−）[0.3369]	反映地区的地理特征，高海拔地区面临更高的地质灾害风险
			地形起伏度（−）[0.4082]	反映地区的地理特征，地形起伏度越大，越容易诱发山地灾害
			崩塌灾害点密度（−）[0.0346]	崩塌灾害点密度越大，地质灾害风险水平越高
			滑坡灾害点密度（−）[0.0798]	滑坡灾害点密度越大，地质灾害风险水平越高
			泥石流灾害点密度（−）[0.1404]	泥石流灾害点密度越大，地质灾害风险水平越高

续表

层面	维度	一级指标	二级指标	指标说明
中观	生态 DR_{eco}	生态环境质量 [0.1746]	耕地面积（+）[0.5552]	耕地能保障灾后当地居民有充足的粮食供给
			林地及草地面积（+）[0.1873]	在发生滑坡、泥石流等灾害时，林地、草地对防止水土流失和减少地表径流具有显著作用
			水域面积（+）[0.2575]	水域可以减小地震和其他自然灾害对传统村落的冲击力[6]
微观	建筑 DR_{bui}	村落建筑格局 [0.1772]	建筑面积（+）[0.2261]	反映传统村落外边界轮廓内建筑斑块的总面积，较大的建筑面积为受灾人群提供了更大的生存和避难空间
			建筑数量（+）[0.2165]	反映传统村落内建筑斑块的总规模，灾后区域需要遵循分散岛屿化的原则，更多的建筑物可实现物资分散储存，以应对灾后需求
			建筑形状指数（−）[0.2290]	反映各建筑群斑块的图形复杂程度，其值越大，说明建筑斑块的图形向圆形偏离，村落形态越不规则；[6] 布局分散且流向杂乱的村落会限制救援行动，降低抢险救灾效率； 其计算公式为：$LSI = \dfrac{P}{2\sqrt{\pi A}}$；式中：$A$ 为建筑斑块的总面积，P 为同等面积圆形斑块的周长
			建筑平均最近距离（−）[0.2613]	反映建筑群体之间的组织关系及疏密程度，间距越短说明内部联系越紧密，即传统村落的灾后管理和自组织能力越强； 其计算公式为：$MNN_{MN} = \sum_{i=1}^{m}\sum_{j=1}^{m} h_{ij} / N$；式中：$h_{ij}$ 代表某类建筑斑块与其相邻建筑斑块之间的距离，N 为所有斑块邻近斑块的总数
			建筑凝聚度（+）[0.0671]	反映建筑斑块与建筑斑块之间的聚集程度[6]，数值越大，说明建筑斑块之间越密集，密集的建筑群容易形成规模效应，人员转移和物资调度会更高效，有利于灾后的应急响应； 其计算公式为： $$COHESION = \left[1 - \dfrac{\sum_{i=1}^{n} P_i}{\sum_{i=1}^{n} P_i \sqrt{a_i}}\right] \times \dfrac{1}{1 - \dfrac{1}{\sqrt{A}}} \times 100\%$$；式中： a_i 代表某类建筑斑块的面积，P_i 代表某类建筑斑块的周长，n 代表建筑斑块的数量，A 代表建筑斑块的总面积
	区位 DR_{loc}	地理区位条件 [0.1709]	与中心城市距离（+）[0.2696]	距离中心城市越远，越有利于传统村落的形成和保存
			与道路距离（−）[0.3851]	高连通性公路便于疏散受灾人群和输出物资，有利于灾后恢复
			与河流距离（+）[0.3453]	距离河流水系越近，受泥石流、崩塌、滑坡等地质灾害的影响越大

注：（±）表示指标的作用方向，（+）表示正向指标，（−）表示负向指标；[ ] 内数值表示指标的权值。

中观尺度，参考李媛等[7]利用灾害点密度评价地质灾害发育程度，选取平均海拔，地形起伏度，以及崩塌、滑坡、泥石流灾害点密度5个指标因子作为环境维度的评价指标。参考叶亚平等[8]构建的生态环境质量评价指标体系，选取耕地面积、林地及草地面积和水域面积3个指标因子作为生态维度的评价指标。

微观尺度，参考林伟[9]，结合生态学中的景观格局指数对传统村落边界形态进行研究，将单个建筑视作景观斑块，选取与景观面积、斑块数量、景观形状指数（Landscape Shape Index，LSI）、斑块平均最近距离（Mean Nearest-Neighbor Distance，MNN）和斑块凝聚度（Patch Cohesion Index，COHESION）对应的传统村落建筑面积、建筑数量、建筑形状指数、建筑平均最近距离和建筑凝聚度5个指标因子作为建筑维度的评价指标，对传统村落的建筑格局进行评价。参考关中美等[10]对传统村落分布时空格局的研究，选取与中心城市、道路及河流水系的距离3个指标因子作为区位维度的评价指标，对传统村落的区位条件进行评价。

14.2　案例背景

14.2.1　问题描述

四川省位于中国西南地区，处于青藏高原与亚洲大陆东部之间的过渡地带，由于其独特的地理位置和复杂的地形地貌，且位于地震活动带，导致该地面临多种潜在的地震和地质灾害威胁。四川省是我国受地震灾害影响最严重的省份之一，据统计，2008~2019年，该地区发生5级以上地震灾害共19次，占全国境内总数的11.4%，直接经济损失占全国灾害损失总数的82.6%。同时，四川省也是2020年6月印发的《全国重要生态系统保护和修复重大工程总体规划（2021—2035年）》中长江上游典型的生态修复区和"两山"理念实践区，多样的生态系统和复杂的地理环境孕育了悠久、丰富的历史民族文化，形成了众多独具地方特色、形态各异的传统村落。四川省是中国传统村落分布较为集中的地区之一，这些村落不仅承载着民族文化的历史记忆，更是区域灾害系统中最基本的承灾体。

14.2.2　解题思路及步骤

本研究从中国传统村落名录（第一批至第六批）中选取位于四川省地震易发区内的179个传统村落作为研究对象，根据地形地貌特征和海拔高程，可以将案例区传统村落划分为高原山地区和平原丘陵区两类传统村落。基于当前国内外灾害韧性理论的研究进展，从宏观、中观、微观三个尺度构建了涵盖社会、文化、环境、生态、建筑和区位的多维度传统村落灾害韧性评价框架和指标体系；综合采用遥感、地理信息系统等技术，开展实证分析，定量评价了案例区传统村落在不同空间分布下的灾害韧性水平，进而提出传统村落灾害韧性提升策略。本研究构建了一套针对地震易发区传统村落灾害韧性的评价指标体系，以期为传统村落防灾减灾规划提供理论依据和科学方法。

14.3　数据来源和处理

14.3.1　数据来源

本实验主要数据源如表14-3所列，包含社会经济发展、地理环境、灾害点和传统村落本体四大类数据集。其中，研究区传统村落空间分布数据来源于第一批至第六批中国传统村落名录，利用MapLocation拾取以WGS-84为地理坐标系的经纬度信息，再基于ArcGIS10.8平台构建的空间属性数据库，将所有矢量数据统一投影到WGS_1984_UTM_Zone_48N（中央经线105°）。

传统村落灾害韧性评价主要数据源　　　　　　　　表14-3

数据集类型	数据内容	数据属性	数据来源
社会经济发展数据	常住人口、自然增长率、城镇化率、地区生产总值、人均国内生产总值	Excel数据集	2021年各区县统计年鉴
	区县及乡镇行政区划边界、行政村地名库	矢量数据集	全球地理信息资源目录服务系统
地理环境数据	高程数据（用于计算平均海拔、地形起伏度）	分辨率30m栅格数据集	地理空间数据云
	土地利用数据	分辨率30m栅格数据集	国家青藏高原科学数据中心
	道路、河流水系数据	线状矢量数据集	全球地理信息资源目录服务系统
灾害点数据	崩塌、滑坡、泥石流	点状矢量数据集	国家地球系统科学数据中心
传统村落本体数据	传统村落空间分布	点状矢量数据集	传统村落网
	传统村落建筑轮廓	线状矢量数据集	谷歌地球卫星影像图

14.3.2　数据处理

数据处理主要包括数据的预处理、效度检验和权值分配。数据预处理用于统一指标的方向、数值和量纲，以确保数据的一致性；效度检验用于确保数据的准确性和可靠性；当数据通过效度检验后，可计算各指标数据的权值，用于下一步的分析和决策。

1. 数据的预处理与效度检验

为了统一不同指标的方向、数值和量纲，需要对数据进行预处理，指标属性见表14-2。

对于正向指标，处理公式为：

$$Y_{ij} = \frac{X_{ij} - \min(X_i)}{\max(X_i) - \min(X_i)} \qquad (14-1)$$

对于负向指标，处理公式为：

$$Y_{ij} = \frac{\max(X_i) - X_{ij}}{\max(X_i) - \min(X_i)} \qquad (14-2)$$

式中：　X_{ij}——处理前第 i 项指标下第 j 个传统村落的统计值；

　　　　X_i——处理前第 i 项指标的统计值；

$\min$ 和 $\max$——统计变量中的最小值和最大值；

　　　　Y_{ij}——标准化处理后第 i 项指标下第 j 个传统村落的统计值。

为了检验指标体系是否能够准确反映评价目的和要求，利用IBM SPSS Statistics 26软件对各项指标数据进行效度检验，选用KMO检验（Kaiser-Meyer-Olkin）和Bartlett球形检验。结果显示，表14-2中23项二级指标的KMO值为0.759≥0.5，变量间的相关性较好，即各分项下的指标数据具有相关性；在球形检验中，sig（significance，显著性）值≤0.01，变量相关矩阵为单位矩阵，即各分项间存在显著的独立性。故上述指标可用于下文的进一步计算。

2. 权值分配

采用Iyengar和Sudarshan的方法[11]对表14-2中的一级指标和二级指标进行权值分配，该方法考虑权值的变化，与各自指标的方差成反比。

$$w_i = k \frac{1}{\text{var}(Y_i)} \qquad (14-3)$$

式中：w_i——第 i 项指标的权值；

　$\text{var}(Y_i)$——标准化处理后第 i 项指标的方差值；

　　k——归一化常数，其计算公式如下：

$$k = \left(\sum_{i=1}^{m} \frac{1}{\text{var}(Y_i)} \right)^{-1} \qquad (14-4)$$

式中：m——分项指标总数。

14.3.3　传统村落灾害韧性计算方法

为得到传统村落各维度和综合灾害韧性水平，各维度和传统村落综合灾害韧性指数的计算公式如下：

$$P_{ij} = \sum_{i}^{nk} w_j Y_{ij} \tag{14-5}$$

$$DR = \sum_{k=1}^{DI} w_k P_{ij} \tag{14-6}$$

式中：P_{ij}——传统村落 j 在 P 维度上的得分；

　　　DR——传统村落 j 的综合灾害韧性指数；

　　　DI——维度数；

　　　nk——维度 P 上的分项指标数量；

w_j 和 w_k——第 j 个二级指标和第 k 个一级指标的权值，其计算方法见式（14-3）。

最后，基于ArcGIS10.8平台，基于自然断点法，将传统村落灾害韧性指数由高到低划分为高、较高、中等、较低、低5个等级。

14.4　定量分析结果及空间表达

14.4.1　定量分析结果

结合表14-4和式（14-6）计算得到案例区传统村落灾害韧性指数（DR），其理论值为0~1，其值越接近1，表示灾害韧性水平越高。然而，实际计算结果为0.23≤DR≤0.62，平均值为0.37，整体偏低。基于自然断点法将DR由低到高划分为5个等级，研究区灾害韧性等级为低、较低、中等、较高和高的传统村落数量（占比）分别为15（8.38%）、33（18.44%）、58（32.40%）、43（24.02%）和30（16.76%）个，且平原丘陵区传统村落的灾害韧性水平整体高于高原山地区。其中，平原丘陵区传统村落计算结果为0.28≤DR≤0.62，平均值为0.42，灾害韧性等级为较低及低、中等、较高及高的传统村落数量（占比）分别为8（16.67%）[1]、10（17.24%）[1]、49（67.12%）[1]个；高原山地区传统村落计算结果为0.23≤DR≤0.42，平均值为0.34，灾害韧性等级为较低及低、中等、较高及高的传统村落数量（占比）分别为40（83.33%）[2]、48（82.76%）[2]、24（32.88%）[2]个。

---

[1]　在相应灾害韧性等级的村落中，平原丘陵区传统村落的数量占比。
[2]　在相应灾害韧性等级的村落中，高原山地区传统村落的数量占比。

传统村落灾害韧性评价结果   表14-4

评价内容	属性	研究区	高原山地区	平原丘陵区
灾害韧性指数 DR	最大值	0.62	0.42	0.62
	最小值	0.23	0.23	0.28
	平均值	0.37	0.34	0.42
社会维度 DR_{soc}	最大值	0.87	0.45	0.87
	最小值	0.17	0.21	0.17
	平均值	0.32	0.29	0.36
文化维度 DR_{cul}	最大值	0.58	0.58	0.44
	最小值	0.03	0.03	0.07
	平均值	0.31	0.35	0.25
环境维度 DR_{env}	最大值	0.97	0.62	0.97
	最小值	0.26	0.01	0.37
	平均值	0.55	0.42	0.76
生态维度 DR_{eco}	最大值	0.75	0.54	0.75
	最小值	0.11	0.11	0.23
	平均值	0.33	0.29	0.41
建筑维度 DR_{bui}	最大值	0.71	0.71	0.64
	最小值	0.24	0.24	0.24
	平均值	0.44	0.44	0.43
区位维度 DR_{loc}	最大值	0.99	0.50	0.99
	最小值	0.05	0.05	0.12
	平均值	0.32	0.29	0.79

14.4.2　空间表达

社会维度反映的是宏观视角下传统村落所在区县的社会经济发展水平，平原丘陵区的评价结果高于高原山地区。在空间上，高值区主要分布在成都市龙泉驿区和青白江区、绵阳市涪城区以及德阳市旌阳区；低值区主要分布在甘孜藏族自治州德格县、得荣县、甘孜县等。相较于平原丘陵区，高原山地区受地理条件限制，自然资源和劳动力较为匮乏，导致该地区经济发展落后。

文化维度反映的是宏观视角下各区县的传统村落保护水平，高原山地区的评价结果高于平原丘陵区。在空间上，高值区主要分布在阿坝藏族羌族自治州壤塘县、九寨沟县和甘孜藏族自治州丹巴县、理塘县和稻城县；低值区主要分布在雅安市、乐山市、眉山市一带，包括汉源县、洪雅县和沐川县等。相较于平原丘陵区，高原山地区不适宜大规模的经济活动和开发建设，故当地民居往往以传统村落的形式被保存下来，传统的建筑、文化和生活习惯更能得到传承和保护。

环境维度反映的是中观视角下传统村落所在乡镇的孕灾环境暴露水平，平原丘陵区的评价结果高于高原山地区。在空间上，高值区主要分布在龙门山断裂带东南区域，包括成都市青白江区城厢镇、绵阳市丰谷镇、德阳市云西镇和遂宁市玉丰镇等；低值区主要分布在龙门山断裂带西北区域，包括甘孜藏族自治州中路乡，阿坝藏族羌族自治州桃坪乡、龙溪乡等。相较于平原丘陵区，位于龙门山断裂带西北部的高原山地区地势陡峭、地形起伏度大，导致山体崩塌、滑坡和泥石流等灾害频发，孕灾环境复杂且不稳定性突出。

生态维度反映的是中观视角下传统村落所在乡镇的生态环境质量，平原丘陵区的评价结果高于高原山地区。在空间上，高值区主要分布在遂宁市青堤乡（2019年8月，撤销青堤乡，将其所属行政区域划归沱牌镇管辖）、绵阳市林山乡、成都市朝阳湖镇等；低值区主要分布在甘孜藏族自治州子庚乡、阿坝藏族羌族自治州大录乡和雅安市硗碛乡等。相较于平原丘陵区，高原山地区土地资源相对匮乏，不利于大规模农业、林业和草业的发展，且该地区降雨少、年平均气温低等因素也限制了耕地、林地、草地的发展。

建筑维度反映的是微观视角下各传统村落的建筑形态特征，高原山地区的评价结果高于平原丘陵区。在空间上，高值区主要分布在阿坝藏族羌族自治州和绵阳市交界一带，包括阿坝藏族羌族自治州林坡村和绵阳市黑水村；低值区主要分布在研究区东南部，包括雅安市五家村、乐山市民建村和成都市花楸村等。相较于平原丘陵区，高原山地区的传统村落因其所处地理环境复杂，而形成了独特的建筑营造技艺和建筑格局，以适应当地环境并抵御自然灾害。而平原丘陵区的传统村落受城镇化进程的影响较大，建筑格局通常顺应城镇建设规划，导致缺乏传统建筑的独特风格和防灾智慧。

区位维度反映的是微观视角下各传统村落的地理区位条件，平原丘陵区的评价结果高于高原山地区。在空间上，高值区主要分布在研究区东南部，包括遂宁市高石村和资阳市治山村等；低值区主要分布在研究区西北部，主要包括阿坝藏族羌族自治州苗州村、阿尔村和甘孜藏族自治州子实村等。相较于平原丘陵区，高原山地区的地形地貌和地质构造对交通运输和基础设施建设存在诸多限制，导致该地区传统村落的地理区位条件较差。

14.5　延伸阅读

14.5.1　灾害韧性的动态自适应模型

本研究所提出的传统村落灾害韧性评价指标体系是针对四川省地震易发区构建的。将其推广应用于其他地区时，必须根据当地传统村落的具体情况，如空间分布、地理环境和文化特色等方面，进行适度的调整和改进，以确保评价结果的准确性和可靠性；同时，也有助于灾害韧性评价体系更好地适应不同地域背景下的传统村落，从而提高评价模型的实用性和普适性。

尽管本研究已通过多尺度、多维度的方式构建了传统村落灾害韧性评价框架和指标体系，但这种定量评价的方法仍存在一些"静态性"问题。引入动态自适应学习机制，将使灾害韧性评价模型更具灵活性和动态性。这不仅有助于更准确地预测未来传统村落灾害韧性的长期表现，而且为制定更科学、实用的防灾减灾策略提供了有力的技术支持和理论依据。

因此，未来的研究方向应在厘清传统村落历史演变的基础上，深入研究灾害韧性的动态自适应学习机制，构建更为系统的灾害韧性动态评价模型，更全面地评估传统村落在不同时期面对不同类型灾害时的应对能力，进一步深化对传统村落防灾减灾的指导作用，以实现在不同时空背景下传统村落灾害韧性的全面提升。

14.5.2　案例延伸

近年来，成渝城市群遭受了一系列自然灾害，包括地震、洪水和山火等。这些灾害给城市基础设施带来了严重破坏，同时也对居民的日常生活和经济活动造成了影响。在面对这些挑战时，城市管理者们意识到传统的灾害应对方法已经不再适用，亟须一种更全面、更灵活的城市韧性评估方法，以指导未来的决策和规划。鉴于此，Lu等人[12]以成渝城市群为研究区，通过收集大量的实时数据，并结合遗传算法和BP神经网络，构建了一个能够动态评估城市的韧性测度模型，利用该模型分析了城市在不同时期的韧性表现，并预测了城市的恢复时间和程度。这项研究不仅为成渝城市群提供了一种新的城市韧性评估方法，也为其他地区的城市管理者提供了可资借鉴的宝贵经验。通过将城市韧性与时空动态特征结合起来，为城市管理者们提供了一个更全面、更灵活的工具，帮助他们更好地应对未来可能面临的各种挑战。

同样地，基于成渝城市群的城市韧性测度模型也可以为传统村落的灾害韧性研究提供有益借鉴。通过借鉴城市韧性测度模型中的方法和技术，可以帮助研究者更好地理解传统村落的韧性特征，并提出相应的改进策略和应对措施。例如，可以借鉴城市韧性测度模型中的遗传算法和神经网络技术，结合传统村落的特点和需求，建立相应的灾害韧性评估模型，从而全面评估传统村落在灾害发生后的应对能力和恢复能力。

参考文献

［1］HOLLING C S. Resilience and stability of ecological systems［J］. Annual review of ecology and systematics，1973，4：1–23.

［2］杨敏行，黄波，崔翀，等. 基于韧性城市理论的灾害防治研究回顾与展望［J］. 城市规划学刊，2016（01）：48–55.

［3］缪惠全，王乃玉，汪英俊，等. 基于灾后恢复过程解析的城市韧性评价体系［J］. 自然灾害学报，2021，30（01）：10–27.

［4］许兆丰，田杰芳，张靖. 防灾视角下城市韧性评价体系及优化策略［J］. 中国安全科学学报，2019，29（03）：1–7.

［5］王淑佳，孙九霞. 西南地区传统村落区域保护水平评价及影响因素［J］. 地理学报，2022，77（02）：474–491.

［6］张磊. 韧性理论视角下贫困村灾后恢复重建与灾害风险管理刍议［J］. 灾害学，2021，36（02）：159–165；175.

［7］李媛，孟晖，董颖，等. 中国地质灾害类型及其特征——基于全国县市地质灾害调查成果分析［J］. 中国地质灾害与防治学报，2004，15（02）：29–34.

［8］叶亚平，刘鲁君. 中国省域生态环境质量评价指标体系研究［J］. 环境科学研究，2000，13（03）：33–36.

［9］林伟. 西北黄土高原地区传统村落边界形态研究［D］. 西安：西安建筑科技大学，2020.

［10］关中美，王同文，职晓晓. 中原经济区传统村落分布的时空格局及其成因［J］. 经济地理，2017，37（09）：225–232.

［11］IYENGAR N S，SUDARSHAN P. A method of classifying regions from multivariate data［J］. Economic and political weekly，1982，17（51）：2047–2052.

［12］LU H，ZHANG C，JIAO L D，et al. Analysis on the spatial–temporal evolution of urban agglomeration resilience：a case study in Chengdu–Chongqing urban agglomeration，China［J］. International journal of disaster risk reduction，2022（07）：79.

第 15 章

回归分析方程——灾害风险感知影响因素分析

15.1　理论基础

15.1.1　灾害风险感知

风险感知的概念由消费行为研究领域引入，哈佛大学的Bauer教授从心理学的角度展开探索并加以延伸。起初，风险感知主要是对消费行为和预期心理的研究。此后被逐渐拓展至财务风险、社会风险和自然灾害等领域。在灾害风险领域，风险感知主要是指公众获取灾害和灾害风险方面的信息，并基于自己已有的知识，采取避免灾害或者降低灾害损失的态度、选择和行为。灾害风险感知受到个体特征、风险沟通、风险可控度、知识结构、区域差异等多种因素的影响及其相互作用的影响。[1]

15.1.2　相关分析

相关分析是研究变量间关联密切程度的一种常用统计方法。线性相关分析研究两个变量间线性关系的强弱程度和方向。[2]相关系数是描述线性关系强弱程度和方向的统计量，通常用r表示。如果一个变量y可以确切地用另一个变量x的线性函数表示，这种关系是确切的，则两个变量间的相关系数是1或–1。一般情况下，两个变量的对应关系不具有唯一性。例如身高与体重的关系，相同身高的人会有不同的体重。变量y随着变量x的增加而增加，或随着变量x的减少而减少，称为变化方向一致。发育阶段的少年，身高越高，体重相对也就越大；这种相关称为正向相关，其相关系数大于0。如果变量y随着变量x的增加而减少，例如，吸烟量与吸烟时间、肺功能的关系，变化方向相反；随着吸烟量增加，肺功能下降；随着吸烟时间加长，肺功能下降；这种相关关系称为负相关，其相关系数小于0。相关系数r没有单位，其值为–1 ~ 1。

1. 参数相关——皮尔逊相关

正态分布变量x与y之间的线性相关系数采用皮尔逊（Pearson）积矩相关系数公式计算，如式（15–1）所示。

$$r_{xy} = \frac{\sum_{i=1}^{n}(x_i - \bar{x})(y_i - \bar{y})}{\sqrt{\sum_{i=1}^{n}(x_i - \bar{x})^2 \sum_{i=1}^{n}(y_i - \bar{y})^2}} \tag{15-1}$$

式中：$\bar{x}$、$\bar{y}$——变量x、y的均值；

　　　x_i、y_i——变量x、y的第i个观测值。

2. 非参数相关

如果数据不能满足正态分布，则可以使用斯皮尔曼（Spearman）和肯德尔（Kendall）相关分析法。

（1）Spearman相关系数

Spearman相关系数（又称秩相关系数），是Pearson相关系数的非参数形式，是根据数据的秩而不是根据实际值计算的。也就是说，先对原始变量的数据排秩，根据各秩使用Spearman相关系数公式进行计算。它适合有序数据或不满足正态分布假设的等间隔数据。相关系数值的范围也是–1～1；绝对值越大，表明相关性越强；相关系数的符号表示相关的方向。变量x、y之间的Spearman相关系数计算公式如下：

$$\theta = \frac{\sum (R_i - \bar{R})(S_i - S)}{\sqrt{\sum (R_i - \bar{R})^2 (S_i - \bar{S})^2}}$$ （15-2）

式中：R_i——第i个x值的秩；

S_i——第i个y值的序；

$\bar{R}$、$\bar{S}$——R_i和S_i的平均值。

（2）Kendall's tau系数

Kendall's tau系数也是一种对两个有序变量或两个秩变量间关系程度的测度，因此也属于一种非参数测度，分析时考虑秩次相同的影响。Kendall's tau系数的计算公式如下：

$$\tau = \frac{\sum_{i<j} \mathrm{sgn}\left(x_i - x_j\right) \mathrm{sgn}\left(y_i - y_j\right)}{\sqrt{\left(T_0 - T_1\right)\left(T_0 - T_2\right)}}$$ （15-3）

式中：$\mathrm{sgn}(z)$——符号函数，其定义如下：当$z>0$时，$\mathrm{sgn}(z)=1$；当$z=0$时，$\mathrm{sgn}(z)=0$；当$z<0$时，$\mathrm{sgn}(z)=-1$；

T_0——n个观测值之间所有可能的观测对的总数；$T_0=n(n-1)/2$；

T_1——变量x中秩重复观测值的调整项；$T_1=\sum\left[t_i(t_i-1)/2\right]$；其中，$t_i$表示在变量$x$中第$i$组秩次相同的观测数（即秩重复组的大小），总共有$g$个这样的重复组；

T_2——变量y中秩重复观测值的调整项；$T_2=\sum\left[u_j(u_j-1)/2\right]$；其中，$u_j$表示在变量$y$中第$j$组秩次相同的观测数，总共有$h$个这样的重复组。

15.1.3 回归分析模型

回归分析（regression analysis）是确定两种或两种以上变量间相互依赖的定量关系的一种统计分析方法。它已被广泛应用于自然科学与社会科学的各个领域中。按照回归分析中所涉及的自变量的多少，可将回归分析分为一元回归分析和多元回归分析；按照自变量和因变量之间的关系类型，可将回归分析分为线性回归分析和非线性回归分析。在回归分析中，如果只包括一个自变量和一个因变量，且二者的关系可以用一条直线近似表示，则称这种回归分析为一元线性回归分析；如果回归分析中包括两个或两个以上的自变量，且因变量和自变量之间是线性关系，则称这种回归分析为多元线性回归分析。

1. 线性回归

自变量与因变量之间呈线性关系时，可以构造线性回归方程。有一个自变量的线性回归，称为一元线性回归，又称直线回归。其分析的任务就是根据若干对观测（x_i，y_i）（i=1，2，…，n），找出描述两个变量x与y之间关系的线性回归模型$y = \beta + \beta x + \beta \varepsilon$，其中$\varepsilon$是随机误差。求最优线性回归方程$y = \beta_0 + \beta x$常用的方法是最小二乘法，也就是使该直线与各点的纵向垂直距离最小，亦即使实测值y与预测值$\hat{y}$之差的平方$\sum (y - \hat{y})^2$达到最小。$\sum (y - \hat{y})^2$也称为剩余（残差）平方和。因此，求回归方程$y = \beta_0 + \beta x$的问题，其实质就是求$\sum (y - \hat{y})^2$取得最小值时β_0和β_1的问题，β_0是截距，β_1是回归直线的斜率，它们统称为回归系数。

（1）一元线性回归方程的假设

1）正态性假设：随机误差项ε_i服从均值为0，方差为σ^2的正态分布。

2）等方差假设：对所有x_i，ε_i的条件方差同为σ^2，且σ为常数，其计算公式如下：

$$\text{var}(\varepsilon_i) = \sigma^2 \qquad (15\text{--}4)$$

3）独立性假设（即零均值假设）：在给定x_i的条件下，ε_i的条件期望值为0，即$E(\varepsilon_i)$=0。

4）无自相关性假设：随机误差项ε_i的逐次观察值互不相关，其计算公式如下：

$$\text{cov}(\varepsilon_i, \varepsilon_j) = 0(i \neq j) \qquad (15\text{--}5)$$

5）ε与x的不相关性假设：假设随机误差项ε_i与相应的自变量x_i对因变量y的影响相互独立；换言之，两者对因变量y的影响是可以区分的，即$\text{cov}(\varepsilon_i, \varepsilon_j)$=0。

（2）一元线性回归方程的检验

为验证回归方程是否具有统计学意义，在根据原始数据求出回归方程后，还需要对回归方程进行检验。检验的假设是总体回归系数为0。可以选用下述方法中的任意一种进行检验；此外，还要对回归方程的预测效果进行检验。

1）回归系数的显著性检验

①对斜率进行检验的假设是总体回归系数β_1=0，检验该假设的t值计算公式如下：

$$t = \frac{\hat{\beta}_1}{SE_b} \qquad (15\text{--}6)$$

②对截距进行检验的假设是总体回归方程截距β_0=0，检验该假设的t值计算公式如下：

$$t = \frac{\hat{\beta}_0}{SE_a} \quad\quad （15-7）$$

在上述两个公式中，SE_b 是回归系数的标准误差，SE_a 是截距的标准误差。

2）R^2 决定系数

它是评估线性回归模型拟合优度的重要指标，其计算公式如下：

$$R^2 = \frac{\sum(\hat{y}_i - \overline{y})^2}{\sum(y_i - \overline{y})^2} \quad\quad （15-8）$$

由公式可知决定系数等于回归平方和在总平方和中所占的比率，体现了回归模型所解释的因变量变异的百分比。$R^2 = 0.775$，说明在变量 y 的变异中有77.5%是由变量 x 引起的；$R^2 = 1$，表示因变量与自变量为函数关系；$R^2 = 0$，表示自变量与因变量无线性关系。

3）方差分析（F检验）

总离差平方和 SST 可以被表示为所有观测值与均值之间差异的平方和，SST 由两部分组成，即 $SST = SSR + SSE$。其中，回归平方和 SSR 反映了自变量 x 的重要程度，残差平方和 SSE 反映了试验误差以及其他意外因素对试验结果的影响。这两部分除以各自的自由度，得到它们的均方，其计算公式如下：

$$R^2 = \frac{\sum(\hat{y}_i - \overline{y})^2 / p}{\sum(y_i - \overline{y})^2 / (n - p - 1)} \quad\quad （15-9）$$

方差分析（F检验）用于整体检验回归模型的显著性。通过比较模型的回归平方和与残差平方和之间的相对大小，计算得出 F 值。当 F 值较大且显著时，表明自变量对因变量具有显著的解释力，从而拒绝 $\beta_1 = 0$ 的原假设，认为模型成立。

4）Durbin–Watson检验

在对回归模型的诊断中，需要诊断回归模型中误差项的独立性。如果误差项不独立，那么对回归模型的任何估计与假设所得出的结论都是不可靠的。该检验的参数称为 DW 或 D，其取值范围是 $0 < D < 4$；当残差与自变量互为独立时，$D \approx 2$；当相邻两点的残差为正相关时，$D < 2$；当相邻两点的残差为负相关时，$D > 2$。

2. 有序变量logistic回归分析

名义变量的各类之间是按其属性的不同来划分的，类与类之间只是名义上的区别，没有本质的高低、大小或轻重之分，但在实际工作中，经常会遇到多分类变量的各类之间在其属性上有轻重、大小、高低或程度的不同，例如，患者在用药物进行治疗时，对不同药物剂量的反应可以分为无、轻微、适度或剧烈。轻微反应和适度反应之间的差别取决于感觉，很难（或不可能）量化。此外，轻微反应和适度反应之间的差别可能比适度反应和剧烈反应之间的差别更大或更小。尽管如此，在反应程度上还是有轻重之分的。这种按属性的不同程度进行分类得到的资料，称为有序资料，而描述有序资料的变量就称为有序变量。对有序变量进行预测时，可以用有序变量logistic回归分析。

（1）有序变量logistic回归模型

SPSS软件程序中的有序变量logistic回归是以Peter McCullagh提出的方法为基础的，其数学模型计算公式如下：

$$\eta_{ij}\left[\pi_{ij}\left(Y \leqslant j\right) = \frac{\alpha_j - \sum_{k=1}^{P} \beta_k x_{ik}}{\sigma_i}\right] \tag{15-10}$$

式中：i——样本编号；i=1, 2, $\cdots$, m；

$\qquad j$——因变量的分类序号；j=1, 2, $\cdots$, J−1；

$\qquad k$——自变量X的个数；k=1, 2, $\cdots$, P（解释变量的个数）；

$\qquad \alpha_j$——第j类的截距项；j=1, 2, $\cdots$, J−1；

$\qquad \beta_k$——第k个解释变量的回归系数；k=1, 2, $\cdots$, P；

$\qquad x_{ik}$——第i个样本（或单元）在第k个解释变量上的取值；

$\qquad \sigma_i$——尺度参数（默认值为1）；

$\pi_{ij}(Y \leqslant j)$——第i个观测值"Y小于等于第j类"的概率。

链接函数是累积概率的转换形式，可用于模型估计。在SPSS中，主要可从以下5种链接函数中进行选择，这些链接函数的适用条件见表15-1。

链接函数的适用条件[2]　　　　　　　　　　　　　表15-1

链接函数	表达式	适用条件
Logit链接函数	$\ln\left[\mu/(1-\mu)\right]$	均匀分布类别
补对数对数链接函数	$\ln\left[-\ln(1-\mu)\right]$	类别越高，可能性越大
负对数对数链接函数	$-\ln\left[-\ln\mu\right]$	类别越低，可能性越大
概率链接函数	$\theta^{-1}(\mu)$	潜在变量为正态分布
Cauchit链接函数	$\tan\left[\pi-(\mu-0.5)\right]$	潜在变量有许多个极值

（2）模型的数据要求

1）数据中的因变量须为有序变量，可以是数值或字符串。通过对因变量的值进行升序排序来确定排列顺序，以最低值定义第一个类别。因变量须为分类变量，协变量须为连续型数值变量。需要注意的是：如果包含多个连续型协变量，可能会导致模型估计涉及的组合模式数量急剧增加，从而显著增加计算的复杂程度。

2）假设只允许使用一个因变量，且必须指定该因变量；对于多个自变量值的各个不同模式，假设该变量是独立的多分类变量。

15.2　案例背景

自然灾害防灾减灾的重点之一是公众参与。在防灾减灾过程中，加入更具活力和更为广泛的利益相关者，包括社会企业组织、国际组织、非营利组织，尤其是当地的社区、家庭、居民等，提升利益相关者的参与度，推动社会公众共同承担起传统村落的防灾减灾责任，并优化灾害风险信息交流策略，使之更为公开透明，才能使传统村落和地区整体的防灾减灾能力持续增强。公众对自然灾害风险知识的学习和了解是公众参与防灾减灾的起点[3]，关注传统村落居民的灾害风险感知及其影响因素，能为保护传统村落提供更大的助力。

15.2.1　问题描述

基于传统村落灾害应对的能力提升目标，本研究对传统村落居民的灾害风险感知进行了调查和评估，统计了与传统村落灾害风险形成条件相关的自然环境数据。在此基础上，对不同人口特征、不同村落环境特征对传统村落居民灾害风险感知的影响进行了探究。

15.2.2　对策思路

实验中，针对163份问卷数据中的传统村落居民基本人口特征及其对应的指标得分数据，采用有序变量logistic回归模型进行分析。13份案例村落灾害风险要素数据及其对应的13份传统村落居民灾害风险感知评价维度评分和综合评分，采用线性回归分析，具体思路如图15-1所示。

15.3　SPSS分析程序

15.3.1　一元线性回归步骤

本研究通过调查与数据收集，整理了13个案例传统村落所在地区与灾害风险相关的自然环境要素，并对其进行了指标量化，详见表15-2。

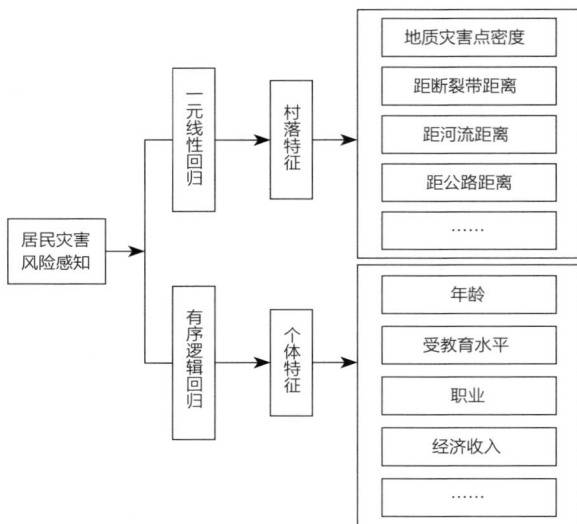

图15-1　居民灾害风险感知影响因素分析

案例传统村落灾害风险自然环境要素一览表　　　　　　　表15-2

自然环境要素	要素描述
地质灾害隐患点密度	指传统村落村域面积内地质灾害隐患点的数量[4-5]
植被覆盖率	指传统村落所在县的植被覆盖率[6-9]
坡度	指传统村落居民点范围内的平均坡度[6-9]
高程	指传统村落居民点中心点的高程值[6-9]
年平均降雨量	指传统村落所在县每月降水量的平均值的总和[6-9]
距河流距离	指传统村落民居建筑与最近河流距离的平均值[10]
地震动峰值加速度	指传统村落所在县或乡镇地震时地面运动的加速度[11]
距断裂带距离	指传统村落与所在区域地震断裂带的距离[6-9]

1. 数据正态性检验

第一步，导入数据。打开准备好的数据文件，点击【文件】→【打开】→【数据】，详见图15-2。

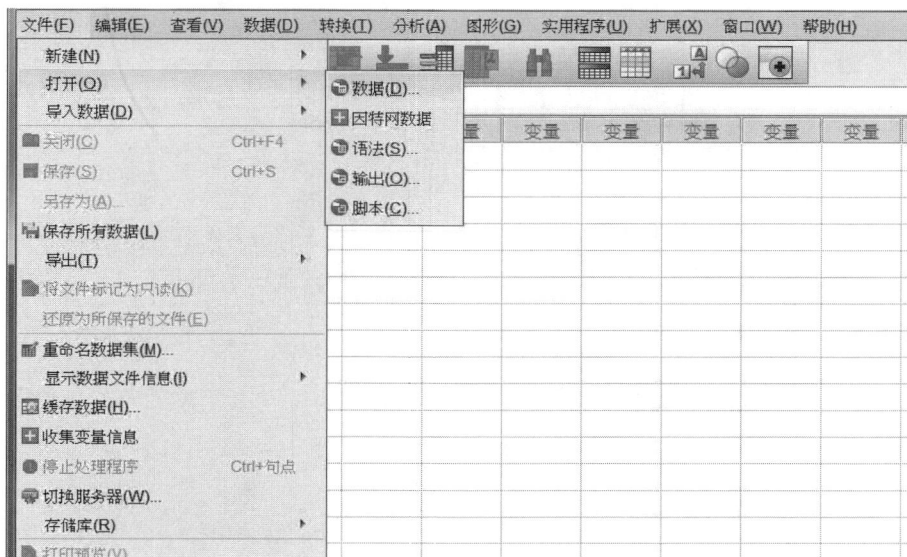

图15-2　SPSS数据载入

　　第二步，打开"探索"分析工具。在【分析】菜单栏下，依次点击【描述统计】→【探索】，详见图15-3。

图15-3　SPSS数据描述统计

　　第三步，设置统计选项。在【分析】菜单栏下，依次点击【描述统计】→【探索】→【统计】，详见图15-4。

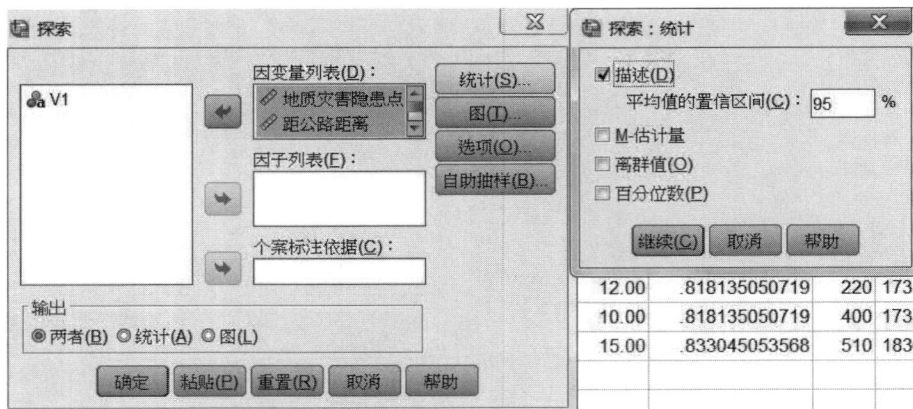

图15-4　SPSS数据的探索和统计

第四步，设置图形选项并勾选正态性检验。在【分析】菜单栏下，依次点击【描述统计】→【探索】→【图】，在【箱图】选项中选择【因子级别并置】；在【描述图】选项中选择【直方图】；同时勾选【含检验的正态图】，详见图15-5。

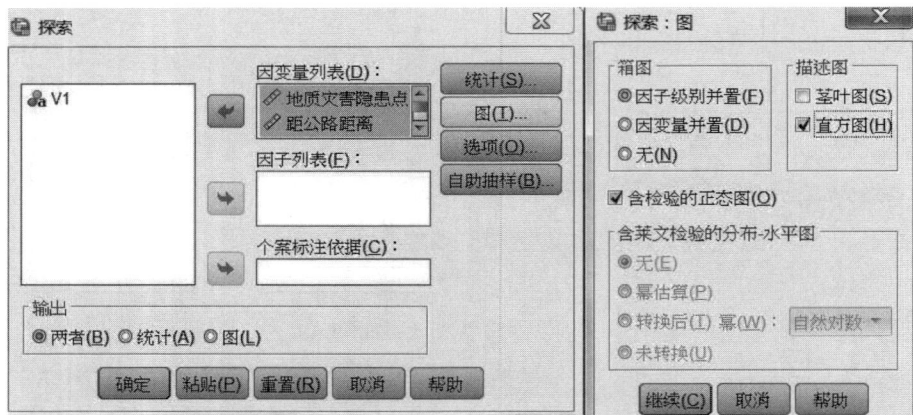

图15-5　SPSS数据的探索出图

2. 相关分析

第一步，相关分析。在正态性检验步骤之后继续在【分析】菜单栏下，点击【相关】→【双变量】，详见图15-6。

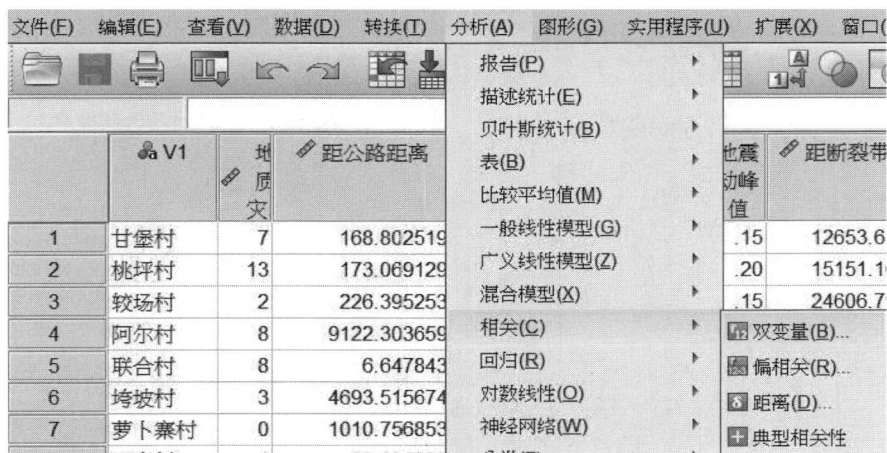

图15-6　双变量相关分析

　　第二步，相关系数选择。在【双变量相关性】对话框中，关于【相关系数】勾选
【皮尔逊】→【双尾】显著性检验，同时勾选【标记显著性相关性】，详见图15-7。

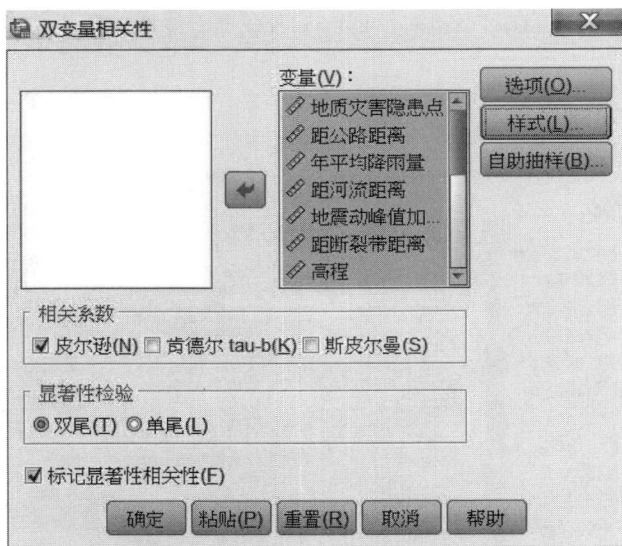

图15-7　SPSS皮尔逊双尾检验

3. 一元线性回归

　　第一步，探索分析。在【分析】菜单栏下，依次点击【回归】→【线性】，详见
图15-8。

| | | | 文件(E)　编辑(E)　查看(V)　数据(D)　转换(T)　分析(A)　图形(G)　实用程序(U)　扩展(X)　窗口(W)　帮助(H) |

		🔾 V1	地质灾	✎ 距公路距离		地震动峰值	✎ 距断裂带距离	✎ 高程
1	甘堡村	7	168.802519		.15	12653.632841	1755
2	桃坪村	13	173.069129		.20	15151.165561	1451
3	较场村	2	226.395253		.15	24606.796916	1580
4	阿尔村	8	9122.303659		.20	12176.435046	2152
5	联合村	8	6.647843				
6	垮坡村	3	4693.515674				
7	萝卜寨村	0	1010.756853				
8	亚者村	4	80.000000				
9	大寨村	3	2718.000000				
10	大屯村	0	275.080772				
11	苗州村	1	8138.998182				
12	中查村	6	2580.915200				
13	牛尾村	5	41.940281				

菜单：报告(P)　描述统计(E)　贝叶斯统计(B)　表(B)　比较平均值(M)　一般线性模型(G)　广义线性模型(Z)　混合模型(X)　相关(C)　回归(R)　对数线性(O)　神经网络(W)　分类(F)　降维(D)　标度(A)　非参数检验(N)　时间序列预测(T)　生存分析(S)

回归子菜单：自动线性建模(A)...　线性(L)...　曲线估算(C)...　部分最小平方(S)...　二元 Logistic...　多元 Logistic(M)...　有序(D)...　概率(P)...

图15-8　线性回归分析

第二步，因变量选择。在【线性回归】对话框中，在左侧的源变量框中选择一个因变量进入【因变量】，在自变量对话框内输入在上一步操作中相关性显著的自变量，详见图15-9。

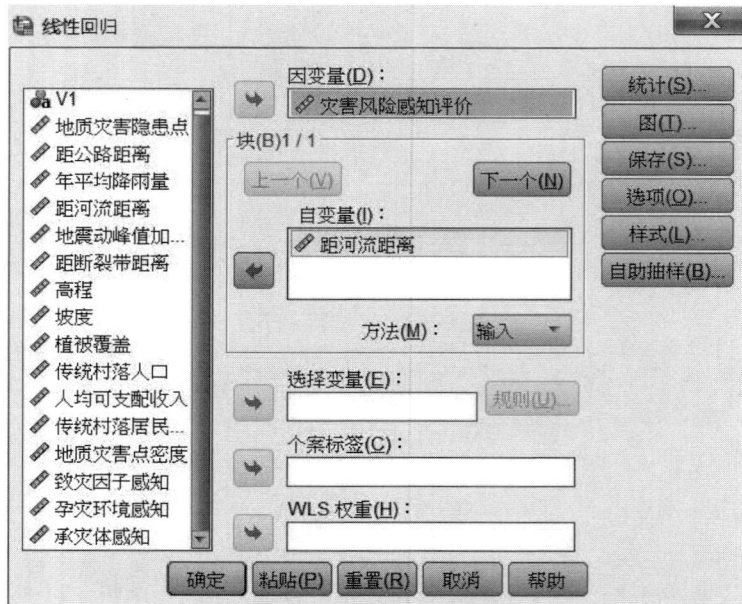

线性回归对话框内容：
源变量列表：🔾 V1　地质灾害隐患点　距公路距离　年平均降雨量　距河流距离　地震动峰值加...　距断裂带距离　高程　坡度　植被覆盖　传统村落人口　人均可支配收入　传统村落居民...　地质灾害点密度　致灾因子感知　孕灾环境感知　承灾体感知

因变量(D)：灾害风险感知评价
块(B)1/1　上一个(V)　下一个(N)
自变量(I)：距河流距离
方法(M)：输入
选择变量(E)：　规则(U)...
个案标签(C)：
WLS 权重(H)：

按钮：统计(S)...　图(T)...　保存(S)...　选项(O)...　样式(L)...　自助抽样(B)...

底部按钮：确定　粘贴(P)　重置(R)　取消　帮助

图15-9　因变量选择

第三步，线性回归：统计。在对话框顶部的【回归系数】对话框下选择对应的【估算值】、【置信区间】；在对话框的右侧依次勾选【模型拟合】、【R方变化量】、【描述】、【共线性诊断】，接着点击【继续】，最后点击【确定】，详见图15-10。

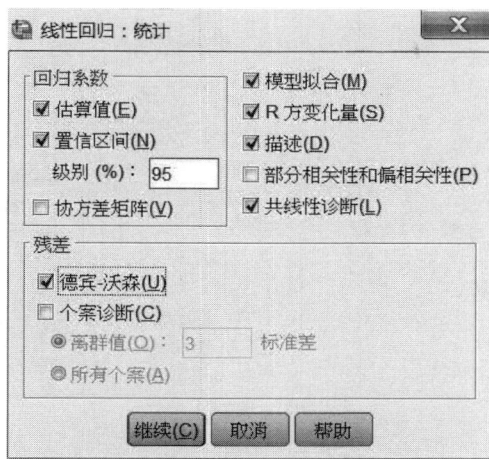

图15-10　线性回归：统计

15.3.2　有序logistic回归步骤

平行性检验：

第一步，导入数据。打开准备好的数据文件，点击【分析】→【回归】→【有序】，详见图15-11。

第二步，输入因变量和自变量。在左侧的源变量框中选择一个有序变量，作为因变量进入【因变量】选框中，接着继续在左侧的源变量框中选择一个或多个分类变量进入【因子】，将连续型自变量选入【协变量】选框中，详见图15-12。

第三步，有序回归：选项。在【有序回归：选项】对话框中，在对话框的最右侧【选项】对话框中选择对应的【迭代】、【置信区间】和【联接】函数，详见图15-13。

第四步，有序回归：输出。在【有序回归：输出】对话框中勾选【拟合优度统计】、【摘要统计】、【参数估算值】、【平行性检验】和【估算响应概率】等，接着点击【继续】，最后点击【确定】，详见图15-14。

图15-11　有序回归分析

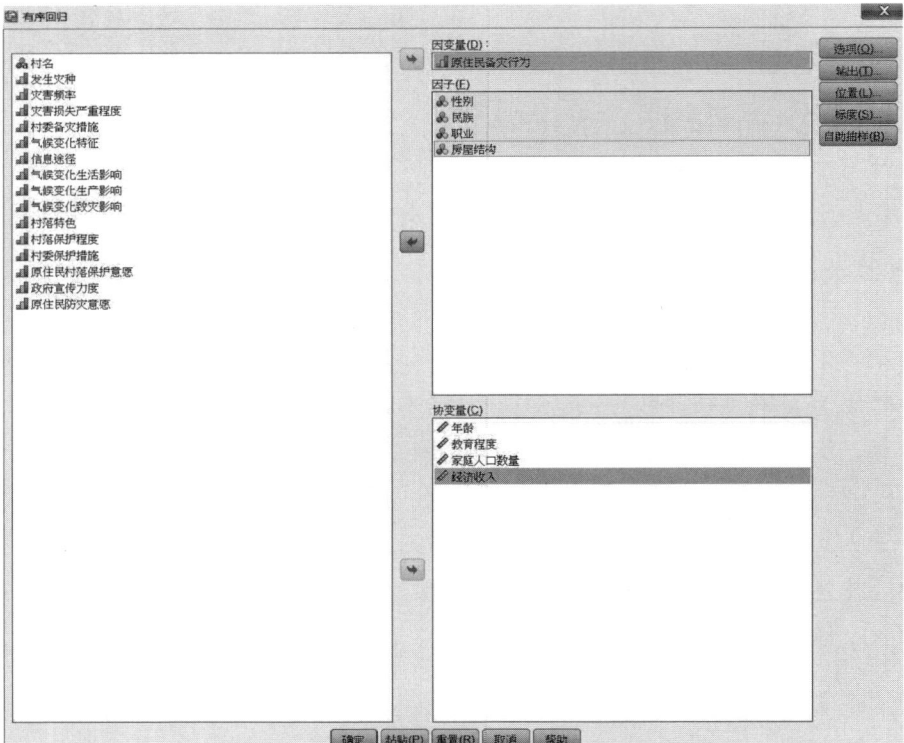

图15-12　因变量和自变量的载入

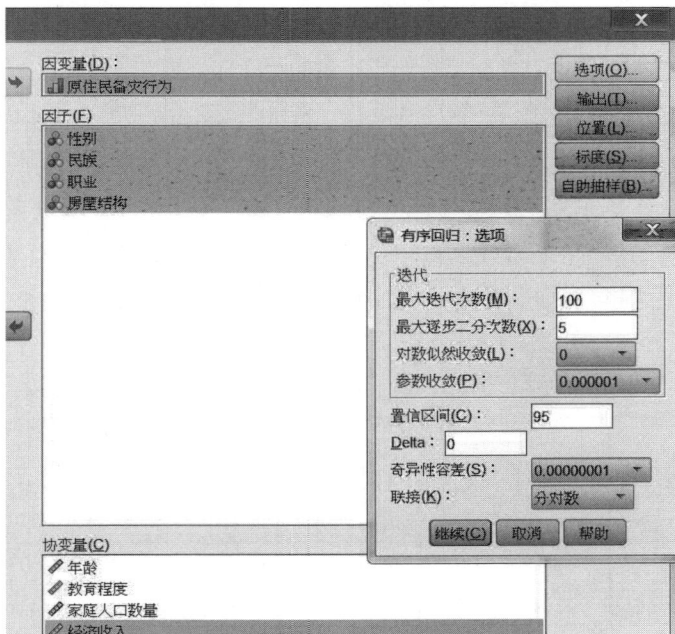

图15-13　有序回归：选项

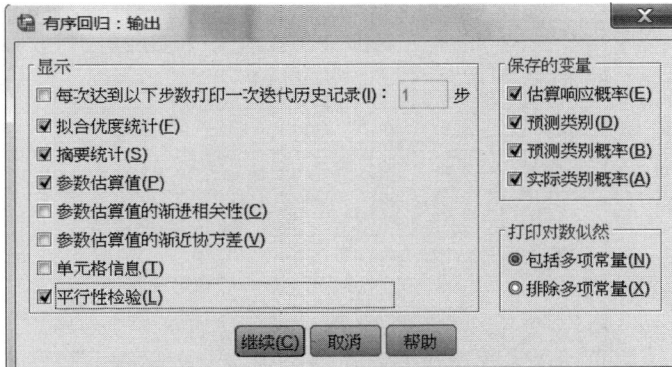

图15-14　有序回归：输出

15.4　模拟结果表达

15.4.1　一元线性回归分析结果

1. 数据正态分布检验结果

本节讨论的各个传统村落整体的灾害风险感知综合评分、致灾因子感知评分、孕灾环境感知评分、承灾体感知评分数据，以及通过GIS空间分析获取的传统村落空间位置和地区灾害风险自然环境要素数据的正态分布检验，如表15-3所列。考虑到现有数据属于指定的非整数加权数据，各项数据的样本量均小于50，因此需要采用夏皮罗·威尔克（Shapiro-Wilk）统计量检验。在检验中发现，传统村落距河流距离、地区地震动峰值加速度、坡度和地质灾害隐患点密度等自然环境要素的数据在Shapiro-Wilk检验下的显著性概率值为（$p<0.05$），所以拒绝数据呈正态分布的假设。鉴于正态性检验要求严格，很难满足，如果峰度绝对值小于10并且偏度绝对值小于3，则说明数据虽然不是绝对正态，但基本上可以接受为正态分布。因此，在后续的相关分析中，采用皮尔逊相关分析。

灾害风险感知和灾害风险自然环境要素数据的正态分布检验表　　　表15-3

名称	平均值	偏度	峰度	Kolmogorov-Smirnov检验		Shapiro-Wilk检验	
				统计量 D值	p	统计量 W值	p
年平均降雨量	588	1.02	0.70	0.203	0.151	0.913	0.204
距河流距离	379	2.57	6.84	0.370	0.000**	0.612	0.000**
地震动峰值加速度	0.19	−2.18	3.22	0.505	0.000**	0.446	0.000**
距断裂带距离	8922	0.89	0.75	0.209	0.125	0.904	0.153
高程	2001	0.47	0.19	0.109	0.943	0.954	0.663
坡度	12	1.56	2.66	0.222	0.079	0.850	0.029*
植被覆盖率	0.81	0.62	0.79	0.203	0.151	0.893	0.106
地质灾害隐患点密度	0.31	1.18	0.10	0.259	0.018*	0.827	0.014*
致灾因子感知	50	−0.39	1.08	0.118	0.893	0.973	0.927
孕灾环境感知	46.78	−0.35	−1.04	0.143	0.662	0.943	0.501
承灾体感知	64.67	0.12	−1.04	0.133	0.764	0.957	0.710
灾害风险感知综合评分	53.82	−0.55	−0.37	0.149	0.598	0.956	0.685

注：*表示$p<0.05$，**表示$p<0.01$。

2. 相关分析结果

从表15-4中可以看出，在传统村落居民灾害风险感知与灾害风险相关自然环境因素的皮尔逊相关系数双尾t检验中，13个案例传统村落的居民致灾因子感知评分、孕灾环境感知评分、承灾体感知评分和灾害风险感知综合评分与部分自然环境要素之间存在显著相关关系。具体分析如下：

居民灾害风险感知与传统村落所在县的年平均降雨量、地质灾害隐患点密度、地震动峰值加速度、坡度和高程的相关性均不显著（$p>0.05$）；

距河流距离与各维度感知均呈显著的负向相关关系（$p<0.05$）；其中，灾害风险感知综合评分与村落距河流距离的相关系数为-0.805（$p=0.001<0.01$），表明二者之间存在极强的负相关性；

在植被覆盖率方面，仅孕灾环境感知评分与其呈显著的负相关关系（$r=-0.620$，$p=0.024<0.05$），而其他感知维度与植被覆盖率的相关性均未达到显著水平；

灾害风险感知综合评分与距断裂带距离呈显著的正向相关关系，其相关系数为0.570（$p=0.042<0.05$）；

综上所述，居民的灾害风险感知在不同的自然环境因素上表现出显著的空间差异性，尤其是与距河流距离和距断裂带距离的关系最为显著。

灾害风险感知与自然环境因素的皮尔逊相关系数（$N=13$）　　　表15-4

名称		年平均降雨量	距河流距离	地震动峰值加速度	距断裂带距离	高程	坡度	植被覆盖率	地质灾害隐患点密度
致灾因子感知	皮尔逊相关性	0.361	-0.716**	-0.057	0.336	0.125	0.087	0.135	0.051
	p（双尾）	0.225	0.006	0.854	0.262	0.685	0.777	0.659	0.868
孕灾环境感知	皮尔逊相关性	-0.170	-0.569*	-0.396	0.589*	-0.395	-0.075	-0.620*	0.541
	p（双尾）	0.578	0.042	0.180	0.034	0.182	0.807	0.024	0.056
承灾体感知	皮尔逊相关性	-0.287	-0.484	-0.353	0.429	-0.283	0.255	0.160	0.431
	p（双尾）	0.342	0.093	0.236	0.143	0.349	0.400	0.602	0.141
灾害风险感知综合评分	皮尔逊相关性	0.017	-0.805**	-0.317	0.570*	-0.184	0.163	-0.166	0.388
	p（双尾）	0.955	0.001	0.291	0.042	0.547	0.595	0.587	0.190

注：*表示$p<0.05$，**表示$p<0.01$。

3. 一元线性回归分析结果

如表15-4所示，案例传统村落中居民的灾害风险感知综合评分与距河流距离呈显著负相关关系，相关系数为-0.805；与距断裂带距离呈正相关关系，相关系数为0.570。将距河流距离、距断裂带距离作为自变量，而将灾害风险感知综合评分作为因变量，进行线性回归分析，从表15-5中的回归系数结果可知，模型表达式为：灾害风险感知综合评分=54.411-0.005×距河流距离+0.000×距断裂带距离，模型R^2值为0.699，调整R^2值为0.639，意味着距河流距离和距断裂带距离可以解释灾害风险感知评价69.9%的变化原因。对模型进行F检验时发现模型通过了F检验（F=11.629，p=0.002<0.05），说明距河流距离和距断裂带距离中至少有一项会对灾害风险感知评价产生影响关系。此外，针对模型的多重共线性进行诊断发现，模型中VIF值全部小于5，意味着不存在着共线性问题；并且$D-W$值约等于2，说明模型不存在自相关性，样本数据之间并没有关联关系，模型较好。具体分析可知：距河流距离的回归系数值为-0.005（t=-3.528，p=0.005<0.01），意味着距河流距离会对灾害风险感知评价产生显著的负向影响关系；距断裂带距离的回归系数值为0.000（t=1.315，p=0.218>0.05），意味着距断裂带距离并不会对灾害风险感知评价产生影响关系。

距河流距离、距断裂带距离灾害风险感知综合评分的线性回归结果（N=13）　表15-5

类别	非标准化系数		标准化系数	t	p	共线性诊断	
	B	标准误差	Beta			VIF	容忍度
常数	54.411	1.658	—	32.812	0.000**	—	—
距河流距离	-0.005	0.002	-0.688	-3.528	0.005**	1.263	0.792
距断裂带距离	0.000	0.000	0.256	1.315	0.218	1.263	0.792
R^2	0.699						
调整R^2	0.639						
F	F（2，10）=11.629，p=0.002						
$D-W$值	2.041						

注：**表示p<0.01。

15.4.2　有序logistic回归分析结果

1. 数据平行性检验结果

如表15-6所示，在居民备灾行为感知有序logistic回归分析模型检验中，模型拟合信息的显著性（p=0.000<0.05），说明模型在统计上具有显著意义；模型拟合优度检验的Pearson卡方统计量（p=0.865>0.05），说明模型具有较好的拟合度；平行性检验的原假设是各回归方程互相平行，分析显示接受原假设（p=0.708>0.05），说明本次模型通过了平行性检验，模型分析结论可信，可继续作进一步分析。

居民备灾行为有序logistic回归分析平行性检验表（N=163）　　表15-6

模型检验		-2对数似然值	卡方	自由度	显著性
模型拟合信息	仅截距	473.038			
	最终	416.699	56.338	15.000	0.000
拟合优度	皮尔逊		532.023	569.000	0.865
	偏差		405.374	569.000	1.000
平行性检验	原假设	416.699			
	常数	377.312①	39.387②	45.000	0.708
关联函数		分对数			

注：①表示完全模型的−2对数似然值；②表示模型之间的卡方差值（用于平行性检验）。

2. 有序逻辑回归分析结果

如表15-7所示，在"居民备灾行为"指标项的有序logistic回归分析中，仅有"经济收入"一项能够对居民的备灾行为产生正向显著影响。家庭经济收作为连续自变量，居民日常会采取的备灾行为在一般和比较多两个等级上具有显著变化。家庭经济收入的估算值为0.328，并且呈现出0.05水平的显著性（$p=0.010<0.05$），意味着家庭经济收入会对居民备灾行为产生显著的正向影响关系；优势比（OR值）为1.4，意味着家庭经济收入每增加一个单位，居民备灾行为的变化（增加）幅度为1.4倍，即家庭收入更高的居民在平时生活中愿意采取更多备灾行为。

居民备灾行为有序logistic回归分析结果（N=163）　　表15-7

因变量名称	居民备灾行为	OR值	估算	标准误差	显著性	95%置信区间	
						下限	上限
因变量阈值	非常少		0.329	1.711	0.848	−3.025	3.683
	比较少		2.245	1.709	0.189	−1.105	5.595
	一般		4.157	1.732	0.016*	0.762	7.552
	比较多		5.776	1.761	0.001**	2.324	9.227
连续变量	年龄	1.4	0.342	0.235	0.145	−0.118	0.802
	家庭规模	0.8	−0.175	0.166	0.293	−0.501	0.151
	受教育水平	1.3	0.247	0.186	0.185	−0.118	0.612
	经济收入	1.4	0.328	0.128	0.010*	0.078	0.578

续表

因变量名称	居民 备灾行为		OR值	估算	标准 误差	显著性	95%置信区间	
							下限	上限
名义自变量	性别	男性	1.8	0.571	0.308	0.064	−0.033	1.175
		女性	1					
	民族	汉族	0.7	−0.364	1.001	0.716	−2.326	1.599
		藏族	1.8	0.589	0.803	0.464	−0.985	2.163
		羌族	0.9	−0.088	0.832	0.915	−1.72	1.543
		回族	1					
	职业	农民	0.4	−0.928	0.671	0.167	−2.244	0.388
		个体	0.4	−0.887	0.749	0.237	−2.354	0.581
		公职	3.7	1.295	0.7	0.064	−0.077	2.667
		学生	1					
	房屋结构	石木结构	3.3	1.182	0.839	0.159	−0.462	2.826
		石砌结构	3.2	1.174	0.982	0.232	−0.749	3.098
		砖混结构	3.0	1.088	0.833	0.191	−0.544	2.719
		钢混结构	1					

注：*表示$p<0.05$，**表示$p<0.01$。

15.5　延伸阅读

　　基于一元线性回归和有序逻辑回归，本研究关于灾害风险感知的影响因素主要关注了传统村落居民个体和村落特征差异。而公众灾害风险感知的作用机理仍然有待完善，风险感知的构成要素和影响因素有所混淆，并且鲜有学者对其构成要素加以揭示，风险感知力的测评方法也有待探索。[12] 神经网络模型有非线性建模作用，有训练速度快、精度高、能够克服权值选取的主观性等优点，被广泛应用于预测预报、风险评估和模式识别等研究领域，但较少应用于灾害风险感知力的研究中。利用BP神经网络方法识别传统村落居民灾害风险感知的影响机制，有助于加深对灾害风险感知形成过程的理解。在未来的研究中，我们将通过BP神经网络的技术方法来识别风险感知力，进一步拓展对公众灾害风险感知作用机制的研究与实践应用。

参考文献

[1] 苏飞，何超，黄建毅，等. 灾害风险感知研究现状及趋向 [J]. 灾害学，2016，31（03）：146-151.

[2] 卢纹岱，朱红兵. SPSS统计分析 [M]. 北京：电子工业出版社，2000.

[3] 李华强. 自然灾害防灾减灾社会化中的公众参与：一个阶段化路径模型 [J]. 中国行政管理，2021（06）：128-135.

[4] 孟凡奇，高峰，林波，等. 基于AHP和信息量模型的地质灾害易发性评价——以鲁东片区为例 [J]. 灾害学，2023，38（03）：111-117.

[5] 刘阳，尚慧，占惠珠，等. 评价单元对地质灾害易发性评价的影响 [J]. 科学技术与工程，2022，22（35）：15536-15545.

[6] 吴舒祺，赵文吉，王志恒，等. 基于GIS的洪涝灾害风险评估及区划——以浙江省为例 [J]. 中国农村水利水电，2020（06）：51-57.

[7] 徐玉霞. 基于GIS的陕西省洪涝灾害风险评估及区划 [J]. 灾害学，2017，32（02）：103-108.

[8] 李佩佩，沈军辉，燕俊松，等. 小流域地震地质灾害危险性评价 [J]. 中国地质灾害与防治学报，2017，28（01）：128-134.

[9] 冯卫，唐亚明，马红娜，等. 基于层次分析法的咸阳市多灾种自然灾害综合风险评价 [J]. 西北地质，2021，54（02）：282-288.

[10] 成陆，付梅臣，王力. 基于RS和GIS的县域洪涝灾害风险评估 [J]. 南水北调与水利科技，2019，17（06）：37-44；68.

[11] 张方浩，杜浩国，邓树荣，等. 以乡镇为单元评估云南省建水县地震灾害风险 [J]. 地震研究，2022，45（01）：109-117.

[12] 张珝芮，田敏，申一宏，等. 云南高原山地农户旱灾风险感知研究——以元谋县为例 [J]. 地域研究与开发，2021，40（01）：156-160.

后　记

随着科技的进步和大数据时代的到来，城乡空间模拟和智能算法为国土空间规划、城市设计、管理和决策提供了新技术。城乡空间模拟涉及国土空间规划中区域空间规划、交通、环境、社会、经济等多个层面，而智能算法为城乡空间模拟提供了新的可能性，能够帮助我们更好地理解城市空间的动态变化，预测未来的发展趋势，并为城市规划与设计提供科学的决策支持。本书试图在这一领域搭建起一座桥梁，连接理论与实践，促进跨学科的交流与融合。

本书的编写过程是一段充满挑战和学习的旅程。从最初的构思到最终的出版，在这个过程中我们深入研究了城市空间的复杂性、智能算法的潜力，以及如何将这些技术应用于实际问题中。这个过程也让我们对城市空间有了更深的理解，体会到智能算法在城市规划和设计中的巨大潜力。因此，我们希望本书能够为城乡规划专业的本科生、研究生提供研究城市问题的新视角和新手段，也期望本书能够为城乡规划师、城市设计师和国土空间相关领域的研究人员提供城乡规划新技术的参考。

最后，我们要感谢本书的所有参编人员，他们是黄宇蝶、冉百松、冯佩华、周正东、吴淼淼、白惠文、马艳、周逸和陈嘉欢，他们不仅负责了部分文稿的撰写，而且不厌其烦地订正修改文稿。感谢本书的责任编辑张建老师，她的专业指导帮助我们精炼了内容和结构。最后，感谢本书的读者，你们的反馈和建议使我们能够不断改进。

回顾过去，展望未来，我们坚信城乡空间模拟和智能算法将在未来的国土空间规划、城市设计和管理领域发挥越来越重要的作用。本书也只是一个起点，未来的研究之路还很漫长。我们期待与更多的专家学者和同行们进行深入的交流与合作，共同为城乡建设的未来贡献力量。

曹琦

2024年12月24日